乡村特色农业实用技术丛书

花椒栽培与病虫害防治技术

◎ 李典友　主编

中国农业科学技术出版社

图书在版编目（CIP）数据

花椒栽培与病虫害防治技术／李典友主编．—北京：中国农业科学技术出版社，2021.1

（乡村特色农业实用技术丛书／李典友，王兴翠，陈新，宋占锋，李晓莉主编）

ISBN 978-7-5116-4882-2

Ⅰ．①花…　Ⅱ．①李…　Ⅲ．①花椒-栽培技术②花椒-病虫害防治　Ⅳ．①S573②S435.73

中国版本图书馆 CIP 数据核字（2020）第 130804 号

责任编辑　陶　莲
责任校对　贾海霞

出 版 者　中国农业科学技术出版社
北京市中关村南大街 12 号　邮编：100081
电　　话　(010)82106625(编辑室)　(010)82109704(发行部)
(010)82109709(读者服务部)
传　　真　(010)82106625
网　　址　http://www.castp.cn
经 销 者　各地新华书店
印 刷 者　廊坊佰利得印刷有限公司
开　　本　880mm×1 230mm　1/32
印　　张　2.875
字　　数　69 千字
版　　次　2021 年 1 月第 1 版　2021 年 1 月第 1 次印刷
定　　价　19.80 元

前言
PREFACE

花椒产于我国北部至西南地区，野生于秦岭及泰山海拔1 000米以下的地区。除东北三省、内蒙古自治区（以下简称内蒙古，全书同）等少数地区外，在我国广为栽培。河南、河北、山西、陕西、甘肃、四川、重庆、湖北、湖南、山东、江苏、浙江、江西、福建、广东、广西壮族自治区（以下简称广西，全书同）、云南、贵州、西藏壮族自治区（以下简称西藏，全书同）等省（自治区、直辖市）较多，并大多栽培于低山丘陵，梯田边缘和庭园周围。目前，我国花椒优良品种有青椒、大红袍、白椒、油椒、黄金椒、白里椒等。

花椒树能耐寒耐旱，有着强大的生命力，并且耐修剪，抗病能力强，能在多种环境中生存，对气候和土壤的要求都不高，后期的养护管理工作简单，是种很让人省心的植物。花椒多种植于干旱半干旱地区，可以栽种于山地上，用来加固泥土，防止水土流失，能保护生态环境，充分利用荒山荒地来种植花椒树，能有效增加土地利用率，经济价值与生态效益兼顾。花椒木材坚硬细腻，花纹优美，可作为手杖、刀柄、木椅等制品及工艺品的好材料。花椒定植后2~3年就开始挂果，5年后就步入盛果期。

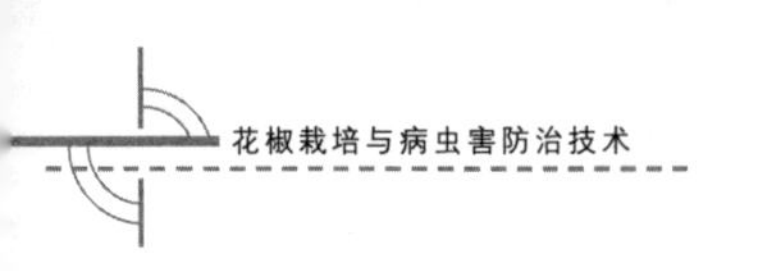

花椒是我国传统出口商品，随着我国农村商品经济的发展，花椒综合开发利用的深入，对外开放和科技交流的扩大等，花椒的需求量将有较大的增加。

据有关资料统计，在国际市场上，花椒一直都很紧俏，比如纽约的花椒期货行情一路看涨，而且十分紧缺。在国内，其他食品价格都在下跌，花椒价格却是一直稳中有升。据重庆调味品协会统计，仅重庆市每年消耗花椒大约在 8 万吨。从合川区当地来看，2018 年九叶青花椒从 6 月初刚开始采摘时，鲜椒批发价为 11.0 元/千克，到 6 月下旬采摘中期时价格已经抬升至 13.0 元/千克，进入 7 月即将采摘结束时价格竟涨到 14.2 元/千克，当地椒农收益大增，积极性也得以提升，预计今后加入种植九叶青花椒的农户会更多。

在花椒种植实践调查基础上，作者结合相关资料整理编写了《花椒栽培与病虫害防治技术》一书。书中详细介绍了花椒生长需要的环境条件、花椒的药用价值、功效、形态学特性与生长习性，栽培与加工技术，常见病虫害及防治，采收与加工、贮存等内容。该书内容丰富新颖、重点突出，融传统方法与现代技术为一体，实用性强，文字通俗易懂，简明扼要、深入浅出，图文并茂，适于椒农和花椒采购人员阅读使用。

由于编者专业水平有限，加之花椒生产实践经验不足，书中错误与疏漏之处在所难免，恳请读者指正。

编　者

2020 年 6 月

CONTENTS

第一章 花椒的价值与人工栽培发展前景 ………………………… (1)

第一节 花椒的价值 ……………………………………………… (1)

一、花椒的食用价值 ……………………………………… (1)

二、花椒的药用价值 ……………………………………… (2)

三、花椒的其他价值 ……………………………………… (2)

第二节 花椒人工栽培发展前景 ……………………………… (3)

一、经济效益 ………………………………………………… (4)

二、社会效益 ………………………………………………… (4)

三、生态效益 ………………………………………………… (5)

第二章 花椒的生物学特性及主要品种 ………………………… (6)

第一节 花椒的生物学特性 …………………………………… (6)

一、花椒生产对环境条件的要求 ………………………… (6)

二、花椒生长发育规律 ……………………………………… (7)

第二节 花椒的主要品种 ……………………………………… (8)

一、传统优质品种 …………………………………………… (9)

二、新选育品种………………………………………………… (11)

第三章 选地整地与建园………………………………………… (13)

第一节 选地整地………………………………………………… (13)

一、选地…………………………………………………………… (13)

二、整地…………………………………………………………（13）
第二节　建园………………………………………………………（14）
一、建园要点……………………………………………………（14）
二、建园时间……………………………………………………（14）
第四章　花椒栽培与管理技术…………………………………（15）
第一节　苗木培育…………………………………………………（15）
一、实生苗培育…………………………………………………（15）
二、嫁接苗培育…………………………………………………（17）
第二节　栽植与管理技术…………………………………………（20）
一、栽植…………………………………………………………（20）
二、花椒管理技术………………………………………………（21）
第五章　花椒树的整形修剪……………………………………（31）
第一节　整形修剪概述……………………………………………（31）
一、整形修剪的作用……………………………………………（31）
二、花椒芽和枝的分类…………………………………………（31）
三、修剪时间……………………………………………………（32）
四、花椒树形种类………………………………………………（33）
第二节　花椒的修剪方法…………………………………………（34）
一、短截…………………………………………………………（35）
二、疏枝…………………………………………………………（35）
三、缩剪…………………………………………………………（35）
四、缓放…………………………………………………………（35）
五、除萌…………………………………………………………（35）
六、摘心…………………………………………………………（35）
七、撑、拉、垂…………………………………………………（36）
八、坠枝…………………………………………………………（36）

九、拿枝 …………………………………………………………………（36）
十、扭梢 …………………………………………………………………（37）
十一、环割 ………………………………………………………………（37）
十二、撇枝 ………………………………………………………………（37）
十三、伤枝 ………………………………………………………………（37）
十四、曲枝 ………………………………………………………………（38）
第三节　主要经济树形的培养…………………………………………（38）
一、多主枝丛状形………………………………………………………（38）
二、自然开心形…………………………………………………………（39）
三、多主枝开心形………………………………………………………（41）
四、水平枝扇形…………………………………………………………（41）
第四节　结果枝的整形修剪……………………………………………（42）
一、骨干枝的修剪………………………………………………………（42）
二、辅养枝的利用和调整………………………………………………（42）
三、结果枝组的培养……………………………………………………（43）
四、骨干枝修剪…………………………………………………………（43）
五、除萌和徒长枝的利用………………………………………………（43）
六、低产花椒树的改造与修剪…………………………………………（43）
第六章　花椒树主要病虫的防治技术………………………………（44）
第一节　主要虫害及其防治技术………………………………………（44）
一、花椒蚜虫……………………………………………………………（44）
二、跳甲虫及为害………………………………………………………（45）
三、花椒虎天牛…………………………………………………………（47）
四、桃红颈天牛…………………………………………………………（48）
五、桔褐天牛……………………………………………………………（50）
六、黑绒金龟子…………………………………………………………（51）

七、花椒介壳虫…………………………………………………………（53）
八、花椒红蜘蛛…………………………………………………………（53）
九、花椒窄吉丁虫………………………………………………………（54）
十、花椒粉蝶（又称柑橘粉蝶） ……………………………………（57）
十一、花椒瘿蚊…………………………………………………………（58）
第二节　主要病害及其防治技术…………………………………………（59）
一、花椒叶锈病…………………………………………………………（59）
二、花椒根腐病…………………………………………………………（60）
三、花椒膏药病…………………………………………………………（60）
四、花椒流胶病…………………………………………………………（62）
五、花椒烟煤病…………………………………………………………（64）
六、花椒枝枯病…………………………………………………………（65）
七、花椒溃疡病…………………………………………………………（66）
八、花椒炭疽病…………………………………………………………（67）
第七章　花椒的采收、干制与贮藏…………………………………（69）
第一节　花椒的成熟期与采收……………………………………………（69）
一、花椒的成熟期………………………………………………………（69）
二、采收…………………………………………………………………（70）
第二节　果实的晾晒与干制、加工………………………………………（71）
一、花椒果实的晾晒……………………………………………………（71）
二、花椒果实的干制……………………………………………………（72）
三、花椒果实加工………………………………………………………（73）
主要参考文献……………………………………………………………（75）
附录一　青花椒种植技术要点概略……………………………………（76）
附录二　花椒种植名词解释……………………………………………（81）

第一章　花椒的价值与人工栽培发展前景

花椒是一种用途较为广泛，利用价值很高的树种。花椒可以食用，是重要的调料物品；花椒还有很高的药用价值与观赏价值。

第一节　花椒的价值

一、花椒的食用价值

1. 花椒果皮和花椒籽

花椒果皮是一种高级调料，具有特殊的麻辣郁香味，果皮每百克含有蛋白质 25.7 克，脂肪 7.1 克，碳水化合物 35.1 克，钙 536 毫克，磷 292 毫克，铁 4.3 毫克，还含有芳香油等，在生活中食用广泛。其能使菜肴味浓鲜美，还能消毒杀菌。花椒皮是腌制各种酱菜、腊肉、香肠、烧鸡所不可缺少的配料，我国北菜、南菜都离不开花椒作调料。

花椒籽也是木本油料树种，花椒种子含油 25%~30%，一般出油率为 22%~25%。其油味辛辣可作调料食用，也可作工业用油（润滑剂用）和化工原料。花椒籽用有机溶剂浸出法提取，出油率高。农用木质轧油器虽然出油率低，但油的质量高，香味长。无论哪种方法，在榨油前，要保持籽粒新鲜，椒皮要干净。油渣含氮 2.06%、钾 0.7%可作肥料和饲料。

2. 花椒叶和花椒柄

花椒叶、花椒柄也有香味。农家常用椒叶蒸馍、蒸凉皮。方法

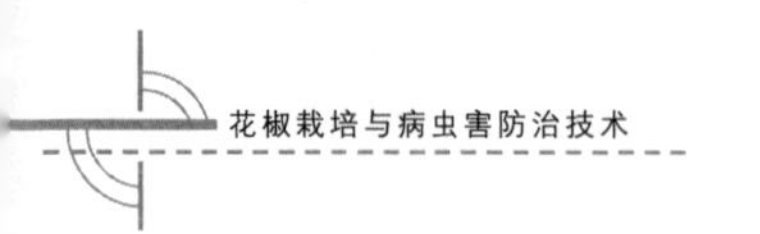

是采一把鲜椒叶，轧碎放在面内，蒸出的馍、凉皮味香。作豆酱时，少不了要在其中搁些鲜椒枝叶，这样做出的豆酱色鲜，别有风味。椒叶、椒柄是加工调料面的辅料，也可以腌菜。晾晒干后研成粉也可以供食用。

重庆、四川人民尤其喜欢麻辣味，家家离不开花椒。炒菜炖肉最需要花椒，清蒸鱼放点花椒可去腥味，煮五香豆腐干，茶鸡蛋用些花椒味更鲜美，用油炸点花椒泼在面条上和凉菜上，清爽可口，制作花卷和大馍时用点花椒滋味好。花椒在各种调味品中占有举足轻重的地位。

二、花椒的药用价值

花椒性味辛热，有温肾暖脾，逐寒燥湿、破血通经、补火助阳、杀虫止痒作用。李时珍在《本草纲目》中记载：花椒，其味辛而麻，其气温而热。入肺散寒，治咳嗽，入脾除湿，治风寒湿痹，水肿泻痢，入右肾补火，治阳衰等寒症。治疗疱病、肿毒，皮肤疾患，对虫害有麻痹驱逐预防之效果。

三、花椒的其他价值

1. 治理家庭常见害虫

在衣物箱柜中放点花椒，虫不蛀。花椒颗粒的皮或花椒碾面都可以，最好用纱布包好放进衣柜中去。花椒还能驱蝇、赶蚊。

2. 作为木材使用

椒树木质坚硬、细密、淡黄色，可作手杖，伞柄，如雕刻花鸟虫鱼，更是美观。

3. 观赏价值

花椒还可供人观赏。它香气浓郁，早春绿叶，晚春盛开。白花开于绿叶之中，引人入胜，秋国累累上枝头，远远看去，一串串红艳艳的颗粒，近看，犹如一朵朵小花，绿叶红果真是好看，诱人清香，也是世界园林绿化的好树种。

第二节　花椒人工栽培发展前景

花椒在我国栽培广泛，河北、河南、山东、甘肃、陕西、江苏、江西、湖北、四川、云南、贵州、福建等地均有栽培。在秦岭以南多分布于海拔 500~1 500米的地区；云贵高原、川西山地多在海拔1 500~2 600米，但人工栽培常因地势不同而异。花椒耐干旱贫瘠，抗逆性较强。同时，花椒地上部枝繁叶密，姿态优美，果实成熟时火红艳丽，芳香宜人，有较高的观赏价值。花椒易栽易活，适应性强，根系发达，固土能力强，是理想的“四旁”（房旁、河沟旁、田旁、路旁）和荒山荒滩宜栽树种。花椒定植后 2~3 年就开始挂果，5 年后就步入盛果期，是山区农民群众脱贫致富的重要途径。近年来，随着农村产业结构的调整，我国的花椒生产发展较快，我国花椒年产量已由新中国成立初期的 0.2 万~0.25 万吨增加到现在的 70 万~80 万吨。

花椒是我国传统出口商品，新中国成立前就远销国外，新中国成立后年年出口花椒，销往日本和泰国、新加坡、马来西亚等国家。随着我国农村商品经济的发展，花椒综合开发利用的深入，对外开放和科技交流的扩大等，花椒的需求量将有较大的增加。

目前的国际、国内（特别是云、贵、川、渝）的花椒市场是总需求大于总供给，国内市场缺口 6 万吨。尤其是重庆火锅店对花椒的需求以年 15%~20%的速度递增。青花椒除了有市场需求外，还有良好的生态、社会、经济效益。

花椒，特别是‘九月青’花椒具有速生早实，适应性强，管理较简单，经济效益高等特点，现已成为丘陵山区农民脱贫致富的支柱产业。由于全球天气变暖的原因，花椒以前主产于海拔 1 500米以下，现在 2 000米以下的山地都能栽培花椒，由于适宜种植地域的扩大，特别是退耕还林以来，花椒的栽植面积更是大幅度地上升，形成了很大的规模。

一、经济效益

‘九叶青’花椒有很好的投资回报和经济效益。生长快，结果早，产量高，栽植三年后正式进入盛产期，可持续盛产 15~20 年，生长寿命 30~40 年。以盛产期 20 年为一个生产周期，每亩（1 亩≈667 平方米，全书同）年产 750 千克鲜椒计算。10 000亩花椒园年总产量为 7 500万千克、年总产值为 11 450万元，一个周期 20 年总产量为 15 000万吨、周期总产值 22. 5 亿元。

‘九月青’花椒到了丰产期，一棵树能摘鲜花椒 10 千克，收入比种庄稼翻了好几倍，种植过程还没有那么辛苦。

近年来，花椒市场需求不断扩大，市场前景广阔。按照目前的市场价，鲜花椒以批发价 13 元/千克，烘烤后花椒价格在 100 元/千克左右。一亩地产鲜花椒 1 000千克就能卖 13 000元。除去运费、肥料等开支，一亩净赚近 1 万元。

二、社会效益

通过流转土地集中发展花椒的模式，可以推进农村农业产业结构的战略性调整，能够为当地农民培育增收的拳头产业；同时能够把部分青壮年农民从土地的束缚中解脱出来，既可以在外务工挣钱，又有家中土地流转分红；1 000亩花椒园还能够为当地解决500人的就业机会，一年可以就地创造劳务经济500万元。

三、生态效益

通过土地的流转，可以提高撂荒土地的利用。集中发展青花椒可以有效对接“森林”工程建设。同时花椒树具有绿化环境、保持水土、增加森林覆盖率、净化空气、保持生态平衡等功效，可以实现农村农业可持续发展。

第二章 花椒的生物学特性及主要品种

第一节 花椒的生物学特性

一、花椒生产对环境条件的要求

1. 气温

花椒喜温、喜光、耐旱。花椒耐寒，能够耐－21℃的低温，年均气温为8～10℃的地区均能栽培。适宜年平均气温8～16℃，但以10～14℃地区栽培较多。春季气温对花椒当年产量影响最大，温度高有利于增产。生长发育期间需要较高温度，但不可过高，否则会抑制花椒生长和影响品质。

2. 光照

花椒为强阳性树种，光照条件直接影响树体的生长和果实的产量与品质。光照充足时果实产量高，着色良好，品质高。花椒生长一般要求年日照时数不得少于1 800小时，生长期日照时数不少于1 200小时，若在遮阴条件下生长则会枝条细弱，分枝少，不开张，果穗和籽粒小，产量低，色泽暗淡，品质下降，以致有时产生霉变。所以在生产中要做好合理密植及枝条修剪工作，以改善光照，有利于产量和品质的提高。

3. 土壤

花椒对土壤适应性强，中性土、酸性土上生长良好，钙质土上生长更好。它喜欢深厚肥沃、温润的沙质土壤，在沙土和黏重土上生长不良。最适宜在 pH 值为 6.5~8.0 的沙壤土上生长，但以 pH 值 7~7.5 者生长和结果最好。花椒喜钙，在石灰岩山地上生长特别好。种植花椒的土壤一般翻耕深度为 15~20 厘米，土壤厚度在 80 厘米左右即可基本上满足花椒的生长，土层过浅，特别是干旱山地会使根系缺水和少养分而使树体矮小，早衰，导致减产、品质降低。地形中坡向、坡度、海拔高度等外部环境条件对花椒的长势、产量均有影响。坡向影响光照长短，在山下地势开阔、背风向阳的地方花椒生长较好；山坡到山顶较差。坡度影响土壤肥力。地势陡，径流量大，流速快，冲刷力大，造成土壤肥力降低。坡度越大，花椒的生长发育也就越差。

4. 降水

花椒抗旱性强，适宜栽培在降水量 400~700 毫米范围的平原地区或丘陵山地。严重干旱花椒叶也会萎蔫，虽然其对水分需求不大，但是要求水分相对集中在生育期内，特别是生长的前期和中期，此时降水集中程度会对花椒产量、品质造成影响。花椒在营养生长转为生殖生长阶段，对水分要求十分敏感，需水量较多，在一定范围内，降水增多是和产量增加呈正相关，水分过多，易发生病虫害，且因湿度过大造成热量减少不利于花椒生长与果实的膨大成熟。花椒怕涝、忌风，短期积水就会死亡。山顶风口处极易受冻害枯梢。

二、花椒生长发育规律

花椒雌雄同株或异株，异花授粉，花期 4—5 月，果熟 7—10 月。按其生长发育规律，花椒可分如下 4 个生长发育时期。

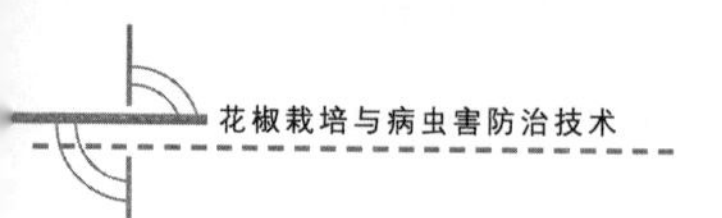

1. 幼龄期

从种子萌发或苗木定植成活到开花结果前的时期，叫幼龄期，一般为2~3年。

2. 结果初期

从开花结果到大量结果前的时期，也叫生长结果期。此期树体生长仍很旺盛，树冠继续扩大，花芽量增加，结果量逐渐递增，一般为4~5年。

3. 盛果期

花椒开始大量结果到衰老以前的时期。此期突出的特点是树冠已经形成，树势开张，果实的产量显著增高，单株产鲜椒5~10千克，干果皮1~2千克。一般自第八年以后即进入大量结果期，受环境条件、栽培技术和管理水平的影响，此期可维持20~50年。

4. 衰老期

树体开始衰老到死亡的时期，此期树冠缩小，树枝逐年枯腐直至死亡。

我国不同地区花椒对光照、气温和降水的要求详见表2-1。

表2-1 不同产地花椒生产对气温、降水和日照要求

产区	平均气温（℃）	绝对低温（℃）	年降水量（毫米）	年日照时（小时）
河北涉县	12.4	-18.3	500	2 509
陕西韩城	13.5	-14.8	574	2 416
山东沂原	11.9	-2.4	718	2 661
四川冕予	13.8	-6.7	1 083	2 083

第二节 花椒的主要品种

花椒在我国栽培历史悠久，变异复杂，生态类型多样。经长期的自然选择和人工选育，已形成60多个栽培品种和类型。

一、传统优质品种

1. 大红袍

又称狮子头。别名凤椒、秦椒。树体较高大，树冠较大，高3~5米，树势强健，分枝角度较小，皮刺大而稀，新梢绿红色，小叶5~11片，叶片较大，卵圆形，无毛光滑，较厚而有光泽。果穗大，每穗有单果30~60粒，多者可达百粒以上。果实7—9月成熟，果实粒大，鲜红色，干后红色，香麻味亦佳，但略次于正路椒。4~5千克鲜果可晒制1千克干椒皮。据椒农经验，立秋采收，2千克毛干椒中有0.8千克纯椒，1.2千克种子；处暑后采收，2千克毛干椒中有1.1千克纯椒，0.9千克种子。

大红袍花椒丰产性强，喜肥抗旱，但不耐水湿不耐寒，适宜在海拔300~1 800米的干旱山区和丘陵区的梯田、台地、坡地和沟谷阶地上栽培。在陕西、甘肃、山西、河南、山东等省广泛栽培，并形成许多不同的生态类型。

2. 大花椒

又称油椒。树势强健，树高2~5米，新梢绿色，刺大而稀，叶片较宽大，卵形，叶色较大红袍浅，叶面光滑。果实较大，果皮厚，9月中旬成熟，果熟后红色，干后酱红色，香麻味佳，品质上等。3.5~4.0千克鲜椒晒制1千克干椒皮。

甘肃、山西、陕西、河南、山东、四川等省均有栽培。大红椒丰产、稳产性强，喜肥耐湿，抗逆性强，适宜在海拔1 300~1 700米的干旱山区、川台区和四旁地栽植。在西北、华北各省栽培较多。

3. 小红袍

树体较矮小，分枝角度较大，树姿开张，树势中庸。新梢绿色，阳面带红色，皮刺小而稀，叶小而薄。果实较小，红色，8 月成熟，香味浓，品质优，制干率较高，约 3.5 千克鲜椒晒制 1 千克干椒皮。该品种抗旱力较差，采收期较短。河北、山东、河南、山西、陕西等省均有栽培。

4. 豆椒

又称白椒。树高 2.5~3.0 米，分枝角度大，树姿开张。新梢绿白色，皮刺基部及顶端扁平，叶片较大，长卵圆形。果实 9 月下旬至 10 月中旬成熟，果实成熟前由绿色变为绿白色，果实颗粒大，果柄较长，果皮厚，成熟后淡红色，干后暗红色，品质中等。一般 4~6 千克鲜果可晒制 1 千克干椒皮。豆椒抗性强，产量高，在黄河流域的甘肃、山西、陕西等省均有栽培。

5. 白里椒

又称白沙椒。树高 2.5~5.0 米。新梢绿白色，皮刺大而稀疏，叶片较大，叶色浅绿，果实 8 月下旬成熟，淡红色，干后褐红色。麻香味较浓，但色泽较差，品质中等。白沙椒丰产性和稳产性均好，耐贮藏。

白沙椒的丰产性和稳产性均强，但椒皮色泽较差，市场销售不太好，不可栽培太多。在山东、河北、河南、山西栽培较普遍。

6. 竹叶花椒

又称竹叶椒。半常绿灌木，高 1~1.5 米，枝条基部扁平、尖端有略弯曲的皮刺。小叶 3~9 片，披针形至卵状长圆形，边缘疏浅齿或近全缘。花序腋生。蓇葖果粒小，表面疣状点明显，成熟后红色至紫红色，花期 4—6 月，果期 7—9 月。主要分布于秦岭淮河流域以南，南达海南，东至我国台湾，西南至四川，云南，西藏自治区东南部。

二、新选育品种

1. 狮子头

2005年由陕西省林业技术推广总站与韩城市花椒研究所从大红袍种群中选育成功。树势强健、紧凑，新生枝条粗壮，节间梢短，1年生枝紫绿色，多年生灰褐色。奇数羽状复叶，小叶7~13片，叶片肥厚，纯尖圆形，叶缘上翘，老叶呈凹形。

果梗粗短，果穗紧凑，平均每穗结实50~80粒。果实直径6~6.5毫米，鲜果黄红色，干制后大红色，平均千粒重90克左右，干制比（3.6~3.8）：1。

物候期明显滞后，发芽、展叶、显蕾、初花、盛花、果实着色均较一般大红袍推迟10天左右，而成熟期较大红袍晚20~30天。在同等立地条件下，较一般大红袍增产27.5%左右。品质优，可达国家特级花椒等级标准。

2. 无刺椒

2005年由陕西省林业技术推广总站与韩城市花椒研究所从大红袍种群中选育成功。

树势中庸，枝条较软，结果枝易下垂，新生枝灰褐色，多年生浅灰褐色，皮刺随树龄增长逐年减少，盛果期全树基本无刺，奇数羽状复叶，小叶7~11片，叶色深绿，叶面较平整，呈卵状矩圆形。

果柄较长，果穗较松散，每果穗结实50~100粒，最多可达150粒，果粒中等大，直径5.5~6.0毫米，鲜果浓红色，干制后大红色，鲜果千粒重85克左右。干制比为4：1。

物候期与大红袍一致。同等立地条件下，较一般大红袍增产25%左右。品质优，可达国家特级花椒等级标准。

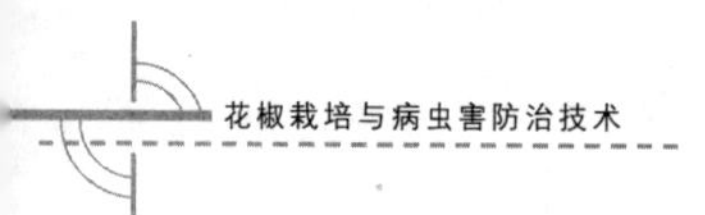

3. 南强1号

2005年由陕西省林业技术推广总站与韩城市花椒研究所从大红袍种群中选育成功。

树型紧凑，枝条粗壮，尖削度稍大，新生枝条棕褐色，多年生灰褐色，奇数羽状复叶，小叶9~13片，叶色深绿，卵状长圆形，腺点明显。

果柄较长，果穗较松散，平均每穗结实50~80粒，最多可达120粒，果粒中等大，鲜果浓红色，干制后深红色，直径5.0~6.5毫米，鲜果千粒重80~90克。果实成熟较大红袍晚5~10天。

同等立地条件下，较一般大红袍增产12.5%左右。品质优，可达国家特级花椒等级标准。

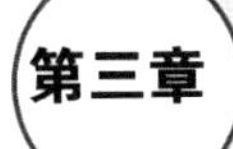

第三章 选地整地与建园

第一节　选地整地

一、选地

花椒喜温，尤喜深厚肥沃、湿润的沙质壤土，在中性或酸性土壤中生长良好，在山地钙质壤土上生长发育更好。因此，要选择地势平坦、水源方便，排水良好、土层深厚而土壤结构疏松的中性或微酸性的沙质壤土作为育苗和栽培的基地。

选农耕地为育苗基地时，前茬作物切忌为白菜、玉米、马铃薯、瓜类等须根系作物，宜选择豆类等直根系作物或经过伏耕冬灌的间歇地为好。沙质土、黏重土壤和盐碱度偏高的土壤，不宜选作育苗基地。

花椒林地应选山坡下部的阳坡或半阳坡，尽量选坡势较缓、坡面大、背风向阳的开阔地。土壤以疏松，排水良好的沙质壤土最好，也可四旁零星栽植。在山顶或地势低洼易涝之处和重黏土不宜栽植。

二、整地

花椒播种前要事先对苗圃地进行深翻、平整，通常翻耕深度35~40厘米为宜，做成宽1.0米，长10.0米的苗床，每亩施底肥

2 500千克，每床条播 4 行，行距 20 厘米，沟深 5 厘米，沟底要平整。

第二节　建园

一、建园要点

建园前要细致整地，山坡上实行等高线带状整地，带宽 1 米，带间距 2 米，每隔 5 米修一条截水堰，以防冲刷。不同的造林地用不同方法整地。平地整地可采用块状整地、带状整地和全面整地。全面整地和块状整地栽植穴一般要求 50～60 厘米见方。带状整地带宽一般为 1～2. 5 米，深 50～60 厘米。山坡地为了防止水土流失可采用与等高线保持水平，进行带状整地，带宽一般为 1～2. 5 米。施好基肥非常重要，一般每个栽植穴需腐熟的基肥 50～100 千克。施基肥一般以土杂肥等为主。同时每穴还要施磷肥或复合肥 0. 5 千克左右，并且要与土杂肥以及穴内土壤充分混合均匀。

二、建园时间

花椒植苗造林，以冬春栽植较好，冬栽在“立冬”前后，春栽宜在椒苗芽苞萌动时，穴内先填湿土，有条件时应浇水。花椒要求在移栽时窝大底平，深挖浅栽，重施基肥，肥土填窝，切忌捶打。花椒成片造林行距 2 米，株距 1.5 米，窝深、长、宽均 0. 5 米，每亩 222 株。此外，在苗圃、果园、机关、学校、周围用花椒栽成生篱，可防止牲畜为害，美化环境，又获得收益。

整地的时间最好在先一年或提前一个季节进行。

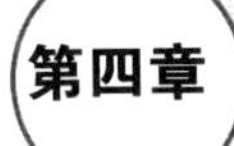

第四章　花椒栽培与管理技术

第一节　苗木培育

一、实生苗培育

1. 采种

选择丰产、稳产、抗性强的良种母树采种。当果实充分成熟时，即外果皮呈现出本品种特有的红色或浓红色，种子呈黑色有光泽，2%~5%的果皮开裂时采种。采回的果实及时阴干，每天翻动3~5次，待果皮开裂后，轻轻地用木棍敲击，收取种子。收取的种子要继续阴干，不要堆积在一起，以免霉烂。

2. 种子的贮藏

（1）沙藏。把种子和湿沙按照1∶2比例混合拌匀。沙的湿度以手握成团，但不出水为宜。选择地势高燥、排水良好、避风背阴处挖贮藏坑，坑深30厘米，宽25厘米，坑长以种子的多少而定，坑底先铺10厘米深的湿沙，然后把与混沙混合的种子放入，离地面10~20厘米时再盖上一层湿沙与地面相平，种子放好后，在地面以上培一土堆，种子较多时，可在坑的中央竖一个草把通气。

（2）干藏。将收取的新鲜种子，漂去空秕粒，摊在阴凉通风处充分阴干，避免阳光暴晒。然后将干燥的种子装入开口的容器或装入袋中，不可密闭，放在通风、阴凉、干燥、光线不能直射的房间

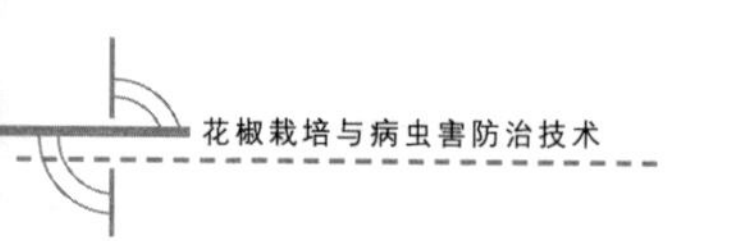

内。不能在缸、罐及塑料袋中贮放，以免妨碍种子呼吸，降低种子生活力。贮藏期间应经常检查，避免鼠害、霉烂和发热。

3. 种子处理

花椒种壳坚硬，外具较厚的油脂蜡质层，不易吸收水分，发芽困难。所以，干藏的种子在春季播种前必须进行种子处理。处理的方法是：100 千克种子，用碱面（或生石灰）3~5 千克，再加适量的温水，浸泡 3~4 小时，用力反复揉搓，去净油皮，使种壳失去光泽，表面现出麻点。将去掉油皮的种子用清水淋洗 2~3 次，摊放在背阴处晾干，即可播种。

4. 播种时间

（1）秋播。秋播在种子采收后到土壤结冻前进行，这时播种，种子不需要进行处理，且翌年春季出苗早，生长健壮。

（2）春播。春播一般在早春土壤解冻后进行，经过沙藏处理的种子，一般在 3 月中旬至 4 月上旬播种，当地表以下 10 厘米处地温达到 8~10℃ 时为适宜播种期，这时发芽快，出苗整齐，但需随时检查沙藏种子的发芽情况，发现 30% 以上种子的尖端露白时，要及时播种。

5. 播种方法

苗圃地最好选择有灌溉条件的沙壤土地。在这样的土地上育苗，管理方便，苗木根系发达，地上部发育充实。苗圃地需要注意轮作，已育过花椒苗的土地最好间隔 2~3 年，否则会使苗木发育不良。

苗圃地要先行耕翻，深度 30~40 厘米，结合耕翻每亩施入土粪或厩肥 5 000~6 000千克。然后整平作畦，一般畦宽 1~1.2 米，每畦 3~4 行。北方一般春季比较干旱，应在播种前充分灌水，播种时，先在畦内开沟，沟深 5 厘米，将种子均匀地撒在沟内，然后覆土耙平，轻轻镇压，播种后在畦面上覆盖一层秸秆，以利保墒和防止鸟害，在较干旱的情况下，为了有利于保墒，也可以在播种沟加厚覆土 2~3 厘米，使其呈屋脊形，待幼苗将近出土时再扒平，以利幼苗出土。

播种量应根据种子的质量确定，花椒种子一般空秕粒较多，播种量应适当大一些，经过漂洗的种子，每亩播种量 40~60 千克。

6. 苗期管理

（1）间苗移苗。幼苗长到 5~10 厘米时，要进行间苗、定苗。苗距要保持 10 厘米左右，每亩定苗 2 万株左右，间出的幼苗，可连土移到缺苗的地方，也可移到别的苗床上培育。

（2）中耕除草。当幼苗长到 10~15 厘米时，要适时拔除杂草，以免与苗木争肥、争水、争光。以后应根据苗圃地杂草生长情况和土壤板结情况，随时进行中耕除草，一般在苗木生长期内应中耕锄草 3~4 次，使苗圃地保持土壤疏松、无杂草。

（3）施肥。花椒苗出土后，5 月中下旬开始迅速生长，6 月中下旬进入生长最盛时期，也是需肥水最多的时期。这段时间，要追肥 1~2 次，每亩施硫酸铵 20~25 千克或腐熟人粪尿 1 000千克左右。对生长偏弱的，可于 7 月上中旬再追一次速效氮肥，追施氮肥不可过晚，否则苗木不能按时落叶，木质化程度差，不利苗木越冬。

（4）灌水。幼苗出土前不宜灌水，否则土壤容易板结，幼苗出土困难。出苗后，根据天气情况和土壤含水量决定是否灌水，一般施肥后最好随即灌 1 次水，使其尽快发挥肥效，雨水过多的地方，要注意及时排水防涝，避免积水。

二、嫁接苗培育

嫁接繁殖可以保持母树的优良性状，早结果，早丰产，还可以充分利用砧木资源的优点，提高品质，延长树体寿命。

1. 砧木苗的培育

嫁接用的砧木，一般采用花椒实生苗，砧木苗的培育同前所述，为使苗木尽快达到嫁接要求的粗度，同时便于嫁接时操作，株行距离应适当大些，一般行距 50 厘米、株距 10 厘米，每亩留苗 1.3 万~1.4 万株。

2. 接穗的采集

（1）枝接接穗的采集。枝接接穗应在发芽前 20~30 天采集。供采穗的母树，品种应纯正、生长健壮，树龄在 5~10 年生，选择树冠外围发育充实，粗度在 0.8~1.2 厘米的发育枝，采回以后，将上半部不充实的部分剪去，只留发育充实、髓心小的枝段，同时将皮刺剪去，按品种捆好（图 4-1），在冷凉的地方，挖 1 米见方的储藏坑，分层用湿沙埋藏，以免发芽或枝条失水。如需长途运输时，可采用新鲜的湿木屑保湿，用塑料薄膜包裹，以防运输途中失水。

图 4-1　采集好的接穗

（2）芽接接穗的采集。芽接接穗也应在品种优良、生长健壮、无病虫害的盛果期树上选取发育充实、芽饱满的新梢。接穗采下后，留 1 厘米左右的叶柄，将复叶剪除，以减少水分的蒸发，并保存于湿毛巾或盛有少量清水的桶内，随用随拿。嫁接时，将芽两侧的皮刺轻轻掰除，使用中部充实饱满的芽，上部的芽不充实，基部的芽瘦小，均不宜采用。

3. 嫁接的时期和方法

花椒嫁接时期，陕西渭北枝接在 3 月中下旬，芽接在 8 月上旬至 9 月上旬。

嫁接方法：枝接包括劈接、切接、腹接等。芽接包括“T”字形芽接、“工”字形芽接等。

4. 嫁接后的管理

嫁接后 25~30 天，接芽即可萌发，此时用嫁接刀（图 4-2）挑破薄膜露出接芽，让其自然生长，然后在距接芽上方 1 厘米处，分

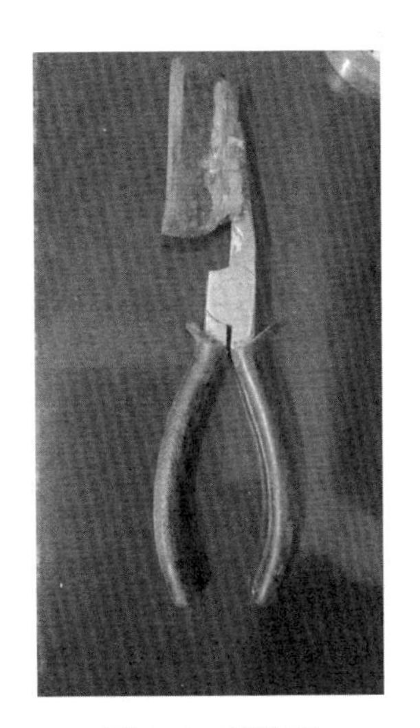

图 4-2　嫁接刀

2~3 次剪砧。其他的管理还包括除萌、除草、施肥、防治病虫等工作。当年秋季即可出圃定植。

第二节　栽植与管理技术

一、栽植

1. 苗木准备

花椒栽植首先要选择高产、优质的良种壮苗，要求根系完整，须根较多，苗龄一年生，苗高 50~80 厘米，地径 0.6~0.8 厘米，芽饱满，无病虫损伤。

栽植花椒最好随挖随栽，远距离运苗要求采用湿麻袋或湿草袋进行包装，包装前将苗木根系醮泥浆，并在运输途中不断洒水，使苗木保持湿润。一时栽不完的苗木要选背风向阳的地方进行假植。

2. 栽植时间

春季、雨季及秋季均进行栽植，以秋季栽植为主。秋季栽后，立即截干埋土防冻，翌春去土晾苗。雨季带叶栽植技术是近年总结出的一项新技术。其关键技术是：在冬、春两季整好地，到雨季就近阴雨天气移栽。优点是栽植时期延长；栽植的成活率一般可达 90%以上；幼苗抗寒越冬能力强，且第二年春季生长迅速。

3. 栽植密度

为解决过去在花椒栽植中存在的密度过大，给后期的耕作管理和采摘带来诸多不便的问题，在规划设计中要坚持水地、肥地稀，山、坡、旱地密的原则。地埂单行栽植，株距 3 米；水肥条件好的地块株行距为 3 米×（4~5）米；坡地、旱地株行距为 2.5 米×（3.5~4）米。

二、花椒管理技术

（一）花椒土壤管理

土壤是花椒生存的基础，只有良好的土壤条件，才能使花椒根系发达，枝叶旺盛，管理好土壤是花椒丰产稳产的前提。花椒属浅根性树种，根系集中分布在树冠范围60厘米深度的地方，故有农谚“花椒不锄草，当年就衰老”的说法。

1. 翻耕与培土

山地花椒园，土层浅，质地粗，保肥蓄水能力差，深翻可以改良土壤结构和理化性质，加厚活土层，有利于根系的生长。深翻改土在春、夏、秋季都可进行，春翻在土壤解冻后要及早进行。

花椒易受冻害，特别是主干和根茎部，是进入休眠期最晚而结束休眠最早的部位，抗寒力差，所以，需进行主干培土，以保护根茎部安全越冬。

2. 除草松土

除草的方法有3种，即中耕除草、覆盖除草、药剂除草，以覆盖除草效果最好。中耕太多会破坏土壤结构；中耕深度为5~10厘米，有利于土壤保墒，提高抗旱能力。7—8月正是雨季，这时只需除草，不需中耕松土。8月下旬以后，根系进入第2次生长高峰，这时中耕要适当加深，有利于根系秋季生长。冬季进行翻园，通过翻园将土壤中越冬的害虫翻出冻死或被鸟类取食。翻园深度一般为20~25厘米为宜，最好在土壤封冻前进行。翻椒园不仅可以消灭越冬害虫，而且能改善土壤理化性质，改良土壤结构，提高土壤的保水保墒能力。行间种绿肥、树下秸秆覆盖是比较理想的管理制度，行间绿肥最好是每年深翻一次，重新播种，树下则以两三年深耕一

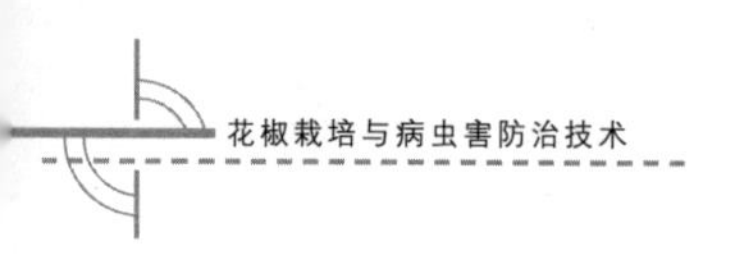

次为好。

有条件的地方可进行间作套种，既能提高经济效益，又能改善土壤的肥力，间作以豆类作物为宜，不能种植小麦、高粱、玉米等高秆作物和密度大的作物。

（二）花椒施肥管理

施肥时期应根据花椒生物学特性以及土壤的种类、性质、肥料的性能来确定。一般可分基肥、追肥两种。

1. 施肥

花椒基肥施用方法分全园施肥和局部施肥。局部施肥根据施肥的方式不同又分环状施肥、放射状施肥、条状施肥、穴状施肥以及根外施肥等。施肥量因树龄不同而异。一般开春发芽前，在降雨后可施一次速效肥，用开沟条施或穴施。老龄树每株施氮肥 1 千克，磷肥 2.5 千克；盛果期施氮肥 0.8 千克，磷肥 0.75～1.0 千克；挂果幼树施氮肥 0.25～0.5 千克，磷肥 0.5 千克，将化肥均匀撒入沟中，用熟土覆盖后再用生土填压。不同地区花椒基肥参考用量参照表 4-1。基肥施用期不同，花椒产量存在一定差异，基肥不同施用期与产量关系详见表 4-2。花椒每年株施（基肥）肥量见表 4-3。

表 4-1　不同地区花椒施肥参考用量

施肥时间	树龄（年）	农家肥（千克/亩）	化肥（千克/亩）	稀土微肥（千克/亩）
9 月中旬至 10 月上旬	1～3	15～30	磷酸二铵 0.3～0.5	0.2
	4～6	30～50	三元复合肥 0.5～1	0.5
	盛果期	50～75	三元复合肥 1～1.5	0.5～1.5

表 4-2　基肥不同施用期与产量关系

施肥期	坐果率（%）	粒（数/穗）	产量（千克/株）
8 月中旬	31.3	37.7	6.02
11 月下旬	28.6	32.2	5.52
次年 3 月上旬	22.9	37.7	5.44

表 4-3　花椒每年株施基肥肥量参考　　（单位：千克）

树龄	土杂肥	氮粪肥料	磷肥	草木灰
3	20	磷铵 0.3 或尿素 0.2	0.5	2
7	40	碳铵 1 或尿素 0.5	1	5
12	80	磷铵 2 或尿素 1	2	7

（1）花椒有机肥施肥法。有机肥从花椒摘取后到翌年春季萌芽前均可施入，但以摘椒后立即施入效果最好。所用肥料为腐熟或半腐熟的猪粪、羊粪、鸡粪和人粪尿等农家肥料。施肥量根据树龄的大小和产量的高低确定。一般产干椒皮 0.1~1.0 千克的 4~6 年生初果树，每株每年施农家肥 5~10 千克，过磷酸钙 0.2~0.3 千克；产干椒皮 2.0~4.0 千克的 7 年生以上的盛果树，每株每年施农家肥 20~40 千克，过磷酸钙 0.5~2.0 千克，施入方法是结合深翻施到树冠投影外围 40 厘米左右深的土层中。

（2）花椒压绿肥法。压绿肥法是在缺乏农家肥的情况下，增施有机肥料的有效方法。通常是在花椒树的行间或椒园附近的空闲地或荒坡上种植绿肥作物，在摘椒后，割取绿肥作物地上部分，结合深翻压入树冠投影外围 40 厘米左右深的土层中。每株每年压鲜草 40~50 千克，过磷酸钙 0.5~2.0 千克，尿素 0.5~1.0 千克。常用的绿肥作物有紫花苜蓿、沙打旺、毛苕子、草木樨、箭筈豌豆、田菁和紫穗槐等。

2. 花椒追肥方法

追肥是解决花椒在生长中大量需肥期与土壤供肥不足之间矛盾的主要手段。花椒土壤追肥的关键时期是萌芽前和开花后。萌芽前追肥对新梢生长、叶片形成有重要的促进作用，又有利于果穗的增大和坐果率的提高。土壤追肥应于萌芽前和开花后结合灌水施入。萌芽前每株追施 0.3~0.5 千克尿素和 0.5~1.0 千克磷酸二铵，或用 0.6 千克尿素和 1.5 千克过磷酸钙；开花后每株追施 0.5~1.0 千克的尿素或硝铵。无灌溉条件的山地椒园，土壤追肥时，可将肥料溶解在清水中，用追肥枪或打孔法，在树盘中多点注入（花椒追肥参见表 4-4）。不同肥种，不同时间，不同用量追肥对花椒产量的影响详见表 4-5。

根据追肥的作用和施用时期的不同，通常分以下阶段进行。

（1）花芽分化前追肥。花芽分化前追肥，对促进花芽分化有明显作用。应以氮、磷肥为主，配合适量钾肥。

（2）花前追肥。是对秋季施基肥数量少和树体贮藏营养不足的补充，对果穗增大、提高坐果率，促进幼果发育都有显著作用。

（3）花后追肥。主要是保证果实生长发育的需要，对长势弱而结果多的花椒树效果显著。

（4）秋季追肥。主要为了补充花椒树由于大量结果而造成的树体营养亏损和解决果实膨大与花芽分化间对养分需要的矛盾。

表 4-4　花椒追肥参考用量

追肥时间	树龄	氮肥	磷肥	钾肥
花蕾形成	幼树	0.2~0.3	0.2~0.3	
	盛果树	0.2~0.5	0.3~0.6	
	老弱树	0.4~0.5	0.5~0.8	

（续表）

追肥时间	树龄	氮肥	磷肥	钾肥
花椒成熟前一个半月	幼树	0.1~0.2	0.3~0.5	0.2~0.3
	盛果树	0.15~0.25	0.5~1.0	0.3~0.5
	老弱树	0.2~0.3	0.5~1.2	0.4~1.0

表 4-5　不同肥种、时间和用量追肥对花椒产量的影响

组别	内容	树龄	株产湿椒（千克）	增产幅度（%）
1	只松土不施肥	12	5.5	
2	3 月下旬土肥 15 千克	12	6.2	11.8
3	3 月下旬、5 月上旬各施土肥 15 千克	12	6.4	25.4
4	3 月下旬每株施土肥 15 千克，尿素 200 克	12	6.5	17.2
5	3 月下旬每株施土肥 15 千克，尿素 200 克，5 月中再施尿素 200 克	12	7.0	27.2
6	3 月下旬每株施土肥 25 千克，尿素 200 克，磷肥 500 克，5 月中旬再施大肥 15 千克，尿素 200 克，磷肥 500 克	12	9.0	63.6

3. 花椒叶面喷肥法

在一年的生长发育中，花椒 3 月上旬开始萌芽，直到 4 月上旬为新梢生长期，4 月上旬到中旬为开花期，果实从柱头枯萎脱落坐果后，即进入速生期，到 5 月上旬约 1 个月的时间便长成成熟时期的大小，果实生长量达到全年总生长量的 90% 以上，6 月中旬花芽开始分化。

从以上可以看出，从 3—6 月这 3 个月的时间内，花椒经历了新梢生长、果实形成和花芽分化 3 个重要物候期，表现出短时间内对养分需求量大而且集中的特点。生产中仅靠土壤追肥难以满足生长发育对养分的需求，常造成落花落果严重，果实发育不良，花芽分化晚而少，既影响当年的产量和质量，也影响翌年的产量，不利于优质、高产和稳产。花椒叶面喷肥的时间、种类、目的及方法详见表 4-6。

表 4-6　花椒叶面喷肥的时间、种类、目的及方法

时间	物候期	喷肥种类	目的	使用浓度	喷施次数
4 月中下旬	开花坐果期	硼肥、蔗糖、尿素	提高坐果率	0.5%~0.3%、1.0%、0.5%	1~2
5—6 月	果实膨大期	旱地龙、氨基酸钙、磷酸二氢钾	促果实膨大	0.2%~0.3%、0.5%	2~3
7 月下旬至 8 月上旬	成熟采摘期	防落素	防止落果、裂果	13~27 毫克/千克	1~2
9—10 月	营养储备期	尿素	提高营养储备水平	0.5%~1%	1~2

因此，生长期的叶面喷肥是花椒优质、高产和稳产管理的重要环节。一般在新梢速生期叶面喷施 0.5%的尿素液，或喷花椒生命高能素一次；花期叶面喷施 0.5%的硼砂加 0.5%的磷酸二氢钾水溶液 1 次；果实速生期喷施花椒生命高能素 1 次，0.5%尿素液加 0.5%的磷酸二氢钾 1 次；花芽分化到果实采收前，喷施花椒生命高能素 1 次，0.3%的磷酸二氢钾 1 次；果实采收后，喷 0.5%的尿素液加 0.5%的磷酸二氢钾 1 次。

（三）花椒水分管理

1. 花椒需水关键期

萌芽至 6 月是花椒需水的关键时期，但这一时期却是自然降水较少的时期，对花椒的生长发育极为不利。因此，通过灌水、保水等措施，保障土壤适宜的含水量，对促进新梢的生长、开花坐果和果实膨大有重要作用。8月以后花椒养分积累、花芽分化的时期，水分过多，会引起秋梢生长，不利于营养物质的积累，也不利于花芽分化；水分不足，会导致光合作用减弱，不利于花芽分化和营养物质积累。

2. 灌水量与灌水方法

花椒根系不耐水湿，积水容易导致根系腐烂。因此，每次灌水量不宜过多，水量以灌水后土壤浸润深度50厘米左右，浸泡时间不超过4~5小时。灌水应采用侧灌、沟灌、畦灌、膜下滴灌或集雨灌水等方式。

3. 田间保水技术

增施有机肥（牲畜粪便、油渣豆饼、作物秸秆）或加强地面覆盖（秸秆覆盖、绵沙或粒沙覆盖、薄膜覆盖），保障土壤水分稳定良好。

（四）花椒采摘期管理技术

在花椒采摘期间同时搞好花椒的修剪，是一项省时省力效益好的管理技术，是夺取下年花椒增产丰收的关键技术，技术要点如下。

1. 施好月母肥

花椒经过前期3~6个月的生长，基本将春季肥料耗尽，而采摘后很快发芽，长出明年的结果枝，这时特别需要肥料的补充支撑，因此，此次肥料至关重要，一般结果树最好施含氮量40%以上，而含磷钾元素比例稍高的复合肥更好，因磷钾有利于结果枝芽的分化，月母肥应占全年施肥量的50%以上。

2. 修剪技术

6月修剪的花椒树应尽量回缩修剪留矮桩，因6月时间早，留矮桩容易形成壮梢健枝，形成明年的主要结果枝，一般留桩3~4寸

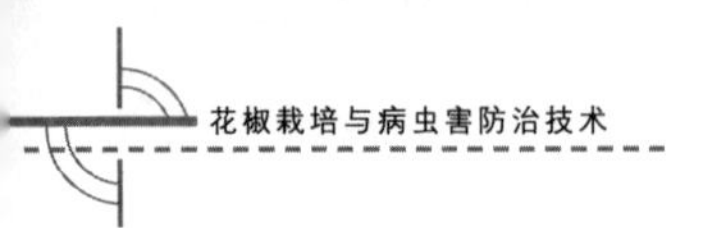

（1寸≈0.033米，全书同）。而随着时间的推移，到了7月温度升高，干旱来临，由于时间稍迟，此时抽发枝梢偏迟偏少。因此，留桩高度应适当增高，以利多抽梢发枝，7月修剪的花椒树，留桩高度要求可增加到4~6寸，这样有利保证迟修，来年不减产。

修剪注意事项：①修剪时，花椒树剪口斜度保证在30°以上，并保证光滑，以免积水烂桩。②部分花椒面积较大，花椒树数量较多的农户，一时采摘不完，可能要到7月中下旬才能采摘完成，这样可能影响明年结果枝梢的正常抽发，影响产量。因此，对这部分农户，可采取在6月下旬或7月上旬，先将花椒树的主要几个大枝先剪下，以后再过细修剪，这样有利于明年花椒梢芽的分化抽发，从而保证迟修剪也不减产。③对于面积大，7月才修剪的花椒树，因常年高温伏旱都在7月中旬来临，因此，要求在7月修剪时每棵树都必须留几枝带叶的枝梢，这样既能利用有叶枝梢的蒸腾拉力作用扯水上树，使肥水往树干和枝条上运输，确保新枝梢的正常抽发，从而保证迟修剪的同样高产丰收。

花椒树具体修剪方法见第五章。

（五）花椒采摘后的管理技术

花椒果实采摘后的树体管理是花椒栽培中主要技术之一，生产上常因采摘方法不当、采摘后过于简单粗放的树体管理，造成枝叶及枝条受损，养分积累减少，直接影响到下年花芽分化和开花结果。

1. 加强培土

花椒大部分栽植于坡地、台塬，土壤易流失。因此必须注意培土减少雨水径流和水分蒸发。花椒易受冻害，特别是主干和根茎部，是进入休眠期最晚而结束休眠最早的部位，抗寒力差，所以，要加强培土，保护根茎部安全越冬。

2. 控制旺长枝

摘椒后对生长较强幼旺树或结椒树的强枝进行拉枝处理，缓和树势，控制旺长，衰老树应及时清除萌蘖枝，减少养分消耗。

3. 合理修剪

花椒树的修剪，因品种和树龄的不同修剪方法和程度不同。幼壮树应以疏剪为主，使其迅速扩大树冠成形。对于强壮的枝条，要放而不剪；对于较弱的枝条要短剪，促使发生强健枝。短剪宜轻不宜重，一般剪去枝条的 1/3 或 1/4 即可。盛果期树的修剪程度，应以树而定。一般生长健壮的树，修剪宜轻；生长衰弱、结果过多的，修剪宜重。有大小年现象的椒园，大年应重剪结果枝，多留发育枝或促生发育枝；小年应多留结果枝，适当疏除一些发育枝。对衰老的树，应在加强肥水管理的同时，可以进行骨干枝轮换回缩更新。具体修剪方法见第五章。

4. 病虫防治

在越冬前按照 12：2：36 的比例将石灰、食盐、水和硫黄均匀混合而成涂抹树干，消灭枝干裂缝中的病菌和虫卵。花椒锈病严重的椒园，用 15%粉锈宁 1 000倍液，加敌杀死 2 000倍液，兼防第一代花椒叶甲幼虫和成虫，用 1：1：200 倍波尔多液或 65%代森锌可湿性粉剂 300~500 倍液防治早期落叶病。

（六）花椒越冬管理

（1）秋季的水肥管理，花椒树进入 7 月后应停止追施氮肥，以防后季疯长。同时基肥应尽早于 9—10 月施入，有利于提高树体的营养水平。

（2）以修剪控制树体旺长，9—10 月对直立旺枝采取拉、别和摘心等措施来削弱旺枝的长势，控制旺树效果明显，并适时喷施护树将军保温防冻，阻碍病菌着落于树体繁衍，同时可提高树体的抗寒能力。

（3）增强树体的营养水平，在7—8月可施硫酸钾等速效钾肥；叶面喷施光合微肥、氨基酸螯合肥等高效微肥加新高脂膜800倍液，以提高树体的光合能力。在9—10月叶面喷施0.5%的磷酸二氢钾+0.5%~1%的尿素混合肥液加新高脂膜800倍液喷施，每隔7~10天连喷2~3次，可有效地提高树体营养储备和抗寒能力。

（4）加强越冬保护管理，采用主干培土和幼苗整株培土的有效防护措施，加强对树体保护；在主干涂抹护树将军保温防冻或进行树干涂白保护，用生石灰5份+硫黄0.5份+食盐2份+植物油0.1份+水20份配制成护剂进行树体涂干。

（5）喷洒防冻剂，在越冬期间对树体喷洒防冻剂1%~1.25%的溶液，可有效防止树枝的冻害。

（七）花果管理

花椒一般要3月下旬萌芽，4月中旬显蕾，5月上旬盛开，中旬开始凋谢。若这时管理跟不上，会发生大量的落发落果现象，可以采用下列措施保花保果：①盛花期叶面喷10毫克/千克的赤霉素；②盛花期、中花期喷0.3%磷酸二氢钾加0.5%尿素水溶液；③落花后每隔10天喷0.3%磷酸二氢钾加0.7%尿素水溶液。

进入盛果期的花椒树，应适时进行疏花疏果，以保障花椒园的优质丰产和稳产。花序刚分离时为疏花疏果最佳时期，疏花疏果应整序摘除。

第五章　花椒树的整形修剪

第一节　整形修剪概述

一、整形修剪的作用

花椒树栽植后如不加整形修剪，任其自然生长，则往往树冠郁闭，枝条紊乱，树冠内通风透光不良，导致病虫滋生，树势逐渐衰弱，产量减低，品质下降。

整形是获得花椒高产、优质的主要技术之一，合理整形修剪，可使骨架牢固，层次分明，枝条健壮，配合合理，光照足，通风好，既可提高产量，又可增延树龄，花椒主要特点是喜光，发枝强，壮枝坐果好，由于分枝多，养分过于分散，果枝生长细弱，结果能力相应减弱，果穗变得小而轻；分枝过多，树冠稠密，内膛光照不良，致使小枝枯死。只有通过修剪来解决生长发育与营养条件之间的矛盾，达到连年丰产的目的。

二、花椒芽和枝的分类

1. 芽

芽是一株植物个体最根本的器官，据观察，花椒芽从形态上可分为混合芽、营养芽、潜伏芽三种，从发育特性上看，有花芽、叶

芽、私隐芽三种。

（1）潜伏芽。也称隐芽，从发育性质上看也属叶芽一种，只是在一般情况下，不萌发生枝，在多年生的老枝上它被挤压在树皮内，一旦遇到刺激，便可萌发生枝。

（2）混合芽。也称花芽。芽体内含花器和雏梢的原始体，萌发后先长枝生叶，后从顶端生出花穗。开花结果，但绝大多数花芽是顶花芽，少有腋花芽，营养芽即叶芽，芽体内含有枝柄的原始体，萌发后形成发育枝或结果枝。

2. 枝

枝是构成树体和着生其他器官的基础，也是水分，养分传输的渠道和贮藏营养物质的主要场所。一年生枝条在营养条件良好的情况下，6 月初可促发二次枝且形成花芽。一年生枝分为结果枝、发育枝和徒长枝三种。

一棵椒树上的枝干，从保留时间长短上看，可分为：①永久性枝。它随树体的保留而保留，椒树的主、侧枝统为永久性枝。②临时性枝。它是依据树体空间的变化而随时去留，辅养枝、结果枝、徒长枝统称为临时枝。

三、修剪时间

1. 按照季节分

椒树的修剪分冬剪和夏剪，冬剪一般从采收椒后至发芽前进行，采椒后的修剪主要应在盛果期的成龄树枝条过密光照差时进行，夏剪能改变椒林光照，提高光合机能，增加养分积累，提高花芽质量，又不易萌发徒长枝，有利于树势缓和。群众总结“春上肥、夏除草，摘椒时间把树绞（剪）”，但老弱树不宜在 8—9

月进行修剪。

夏剪应在5月进行，因为5月中旬新梢第一生长高峰基本停止，当年已形成相当的叶量，加之此时正值幼果速生期和花芽形成高峰期的前期，树体营养矛盾比较突出，通过夏剪手段使生殖生长机能强于营养生长机能有利于花芽的形成和幼果的膨大，所以群众总结“冬剪长树，夏剪结果”是很有道理的，它既提高了当年的结果率，增加了产量，又增加了所需营养的积累，为提高花芽质量奠定了物质基础。

2. 按照花椒生长阶段分

花椒对修剪有良好的反应，按不同生长阶段，采用相应的修剪方法。

（1）幼龄树。掌握整形和结果并重的原则，栽后第一年距地面要求高度剪截，第二年在发芽前除去树干基部30~50厘米处的枝条，并均匀保留主枝5~7个进行短截，其余枝条不行短截，疏除密挤枝、竞争枝、细弱枝、病虫枝、长放强壮枝。

（2）结果树。疏除多余大枝，冠内枝条以疏为主，疏除病虫枝、交叉枝、重叠枝、密生枝、徒长枝，为树冠内通风透光创造良好条件。

（3）老年枝。以疏剪为主，抽大枝、去弱枝、留大芽，及时更新复壮结果枝组，去老养小，疏弱留壮，选壮枝壮芽壮头，以恢复树势。

四、花椒树形种类

椒树的形状主要三种：自然开心形、丛状形、圆头形三种。

1. 自然开心形

新栽椒树苗、秋栽者、自落叶后至次年春季萌发前，视苗大小自根基 15~20 厘米处、定干，春栽者，栽后即行定杆或自根茎 15~20 厘米处截杆栽植，当年不论生枝多少，均应保留，但只选留 3 个分布均匀、生长健壮，抽生部位临近的枝条作为主枝、基角保留 60°左右，如果角度偏小，加放大块泥球或石块，可开张其角；每一主枝上选留 2~3 个侧枝，要求同级侧枝在同一方位，第一侧枝距主杆 40~50 厘米，第二侧枝距第一侧枝 30~40 厘米，第三侧枝距第二侧枝 50~60 厘米。全树配备侧枝的多少要视其株行距的大小而定，每亩 50 株以下，每枝配备侧枝 6~9 个，50 株以上，80 株以下，可配侧枝 6 个左右，80 株以上只配 3 个侧枝即可，更密者不配侧枝，仅留主枝，直接培养结果枝组。

自然开心形具有成形快，结果早，通风透光，抗病虫害，产量高等优点。

同级侧枝选留在同方位，二级侧枝同一级侧枝方向相反，一级侧枝和三级侧枝方位相同。

2. 丛状形

丛状形属常见的一种树形，具有成形快，结果早，抗风抗蛀抗害虫的优点，其特点是不留主干，从地平面抽生 3~5 个方位理想、长势均匀的枝条作主枝，每主枝上选留 1~2 个侧枝。

3. 圆头形

即有明显主干，主干上自然分布较多的主枝，小枝较密集的树形。

第二节　花椒的修剪方法

短截、疏枝、缩剪、缓放、除萌、摘心、坠枝、拿枝、扭梢、环割、撇枝等。

一、短截

把一年生的新枝剪去一部分叫短截。

二、疏枝

把一个枝条从根部疏去叫疏枝。

三、缩剪

多年生的枝剪去一部分叫回缩，也叫缩剪。

四、缓放

对花椒的枝条不剪，叫缓放，也叫长甩、长放。

五、除萌

除去萌发出的多余的幼芽叫除萌。

六、摘心

在夏季生长季节摘去枝条顶梢叫摘心。

可以分轻摘心和重摘心两种。

（1）轻摘心。主要为促进花芽形成，在 5 月至 6 月中旬，摘去顶端嫩梢5厘米即可，再在同一枝条上进行多次摘心。

（2）重摘心。主要应用于幼树整形，当选用的主枝长度，长到所需要长度之后，为了使花椒树抽生侧枝，则可进行重摘心，即摘除到枝条的成熟部位。同时应注意到侧枝选留的方向（第二芽的位置同所需侧枝的方向），一般摘除5~7个叶片。如果第三芽方向同所需侧枝方向，可将第三芽剔除。

七、撑、拉、垂

撑是在主干主枝之间或主枝与主枝之间支撑一树枝、木棍或土块、砖块等。拉是在地面打木桩，在木桩上系绳（铁丝），另一头系在枝条上，将枝条拉到一定方向。垂是在主枝上直接垂物，或在主枝上系绳，在绳上垂物。在主枝上直接垂物常用的是垂泥球。垂泥球具有取材容易的特点，和泥时注意给泥中加入少量短麦草，以防下雨天将泥球淋烂。绳上垂物也可用砖块等。撑、拉、垂主要用于幼树整形时开张主枝角度，夏季也可进行。

八、坠枝

将拿过的枝或未拿的枝在其中部或梢部挂上泥球、砖块等物使其下坠开张叫坠枝。

九、拿枝

生长季节用双手将软枝整理，使其张开，叫拿枝。

主要用于开张角度，缓和树势，促进花芽形成等，对于两三年生的长条，用双手自枝条基部拿一拿使其开张，此法较撑、拉等方法简单易行，效果较好，且不伤皮，如果枝粗，拿不到应处理的角度，可和垂泥球的方法结合起来进行更好。

十、扭梢

将直立的枝条在其基部两三寸处扭转180°，伤其嫩皮，使其向下垂坠的方法叫扭梢。

十一、环割

对旺长的枝条或花椒树在其基部用快刀环状切割数道，促进成花的方法叫环割。因花椒成长较易流胶，所以一般栽植过密时在要疏除的枝或树上应用。

十二、撇枝

为了提前挂果，或因角度不够，把有些不截的长甩枝，暂撇在其他枝下，过一定时期再放回来。或用对一条线上的3个枝，用木棍架回在1枝、3枝与2枝中间，促使角度开张的方法。

十三、伤枝

能对枝条造成破伤以削弱顶端生长势，而促进下部萌发或促进花芽形成，提高坐果率和有利果实生长。有刻伤、环剥、拧枝、扭梢、拿枝软化等具体方法。其中环剥实际上是对花椒树营养人为地进行有计划的分配，在花芽形成的盛期，使其营养生长向生殖生长转化，促进花芽形成。由于花椒花芽形成较果树容易，因此，一般用半环剥即可，同时剥口宽度应为枝条直径的1/10，因土地条件及树势不同决定剥口宽度，并进行消毒处理，以防感染。时间不宜迟于6月上旬。

十四、曲枝

将直立或开张角度小的枝条，采用拉、别、盘、压等方法使其改变为水平或下垂方向生长的措施叫曲枝。

第三节　主要经济树形的培养

一、多主枝丛状形

多主枝丛状形也叫自然杯状形，自然杯状形的培育，是在栽植前将主干由根部向上1~2厘米处截掉，或截后从地面处将主干截掉，使其由根部萌发出数条主枝，然后再选留3~5条方向不同、位置布局均匀的枝条进行培养而成。

花椒多主枝丛状树形的培育方法如下。

第一年，栽后随即定干，定干高度20~30厘米。第一年萌发数个芽，长出多个枝条，着生位置理想且分布均匀、生长强壮的枝条作为主枝，其他枝条不要疏除，应采取撑、垂、拿的办法，使其水平或下垂生长，以缓和树势，扩大叶面积，增加树体有机质的制造，使树冠尽快形成以及增加结果部位。夏季所留主枝长到60~70厘米时摘心，促发二次枝条，培养一级侧枝。注意将一级侧枝留在同一方向，以免相互交叉，影响光照。春天或秋天休眠期间修剪时，主枝、侧枝均应在饱满芽处下方修剪，且注意剪口芽的选留。若主枝方位、角度比较理想，剪口芽均应选留外芽，剪口下第二芽若在内侧应剥除。各主枝应与垂直方向保持60°左右的夹角。若主枝角度偏小，可用撑、拉、垂的办法开张角度。主枝方位不够理想时，可用左芽右蹬或右芽左蹬法进行调整。其他枝条长甩长放，采用拉、垂、撑等方法开张角度。

第二年，主枝延长头长至70~80厘米时进行摘心，培养二级侧枝，其方向和第一级侧枝方向相反。其他枝条长甩长放。5—6月采用拉、垂的办法使其下垂，或多次轻摘心，促进其花芽形成，以提高幼树早期产量。秋季或春季休眠期修剪基本同第一年。

第三年，主枝延长头及长旺枝，5月后均进行多次轻摘心，同时敦实内膛枝组，春季或秋季休眠期修剪时，对过密枝及多年长放且影响主枝、侧枝生长发育的无效枝进行疏除或适当回缩。

多主枝丛状形一般3年即可完成整形（图5-1）。

二、自然开心形

自然开心形是在杯状形基础上改进的一种树形。一般干高30~60厘米，在主干上均匀地分生3个主枝，在每个主枝的两侧交错配备侧枝2~3个，构成树体的骨架。

培育花椒树的自然开心形方法如下。

第一年，栽植后随即定干，定干高度30~50厘米。在当年萌发的枝条中，选择3个分布均匀、生长强壮的枝条作为主枝，其他枝条采取拉、垂、拿的办法，使其水平或下垂生长。夏季，主枝长到50~60厘米时摘心，促发二次枝条，培养一级侧枝，同级侧枝选在

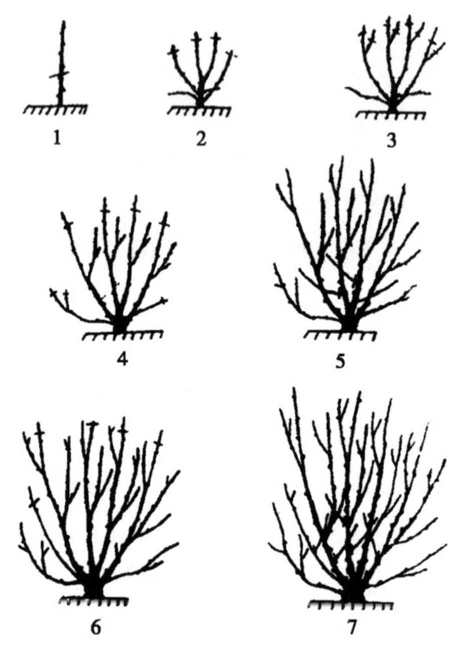

图 5-1　多主枝丛状形整形过程

1. 定干　2. 第一年夏　3. 第一年秋　4. 第二年夏

5. 第二年秋　6. 第三年夏　7. 第三年秋

同一方向（主枝的同一侧）。

第二年，主枝延长头长到 40~50 厘米时摘心，培养二级侧枝，其方向同一级侧枝相反。其他枝条的处理及春季、秋季休眠期修剪参照多主枝丛状形的第二年修剪方法。

第三年，主枝延长头长到 60~70 厘米时摘心，培养三级侧枝，其方向与二级侧枝相反，与一级侧枝相同。侧枝上视空间大小培养中小型枝组。秋季或春季休眠期疏除少量过密枝，短截旺枝。

第四年，修剪方法同多主枝丛状形的第三年修剪方法。自然开心形一般 4 年即可完成整形（图 5-2）。

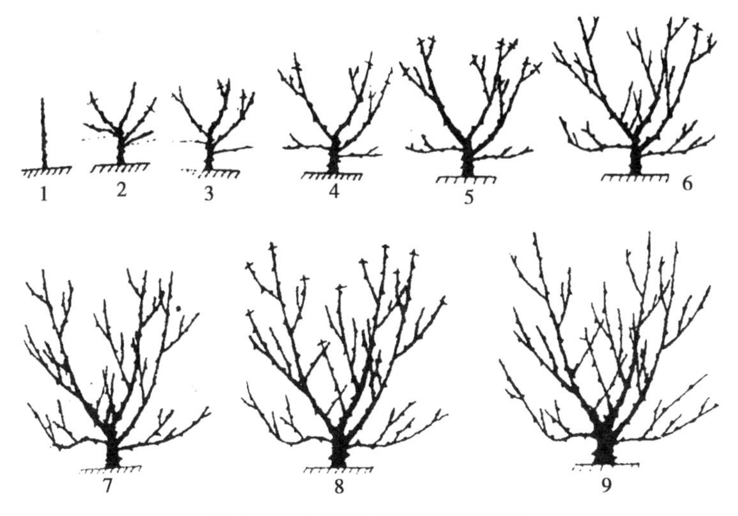

图 5-2　自然开心形的整形过程

1. 定干　2. 第一年夏　3. 第一年秋　4. 第二年夏　5. 第二年秋
6. 第三年夏　7. 第三年秋　8. 第四年夏　9. 第四年秋

三、多主枝开心形

该树形最大的特点是没有中央领导干。在主干上分生 3~4 个主枝，使其向不同方向均匀分布。这种树形通风透光好，主枝角度小，衰老较慢，寿命较长，适宜半开张的大红袍等品种。

四、水平枝扇形

这种树形冠层薄，通风透光好，结果早，产量高，方便管理和采收，适用于水肥条件好、管理水平较高的密植果园（图 5-3）。

图 5-3　水平枝扇形

第四节　结果枝的整形修剪

结果初期修剪任务是，在适量结果的同时，继续扩大树冠，培养好骨干枝，调整骨干枝长势，维持树势的平衡和各部分之间的从属关系，完成整形，为盛果期稳产高产打下基础。

一、骨干枝的修剪

根据自然开心形的树体结构，初果期虽然主、侧枝头一般不再增加，但需继续加强培养，使其形成良好的树体骨架。

二、辅养枝的利用和调整

在初果期，辅养枝既可以增加枝叶量，积累养分，圆满树冠，又可以增加产量。所以，只要是辅养枝不影响骨干枝的生长，就应该轻剪缓放，尽量增加结果量。

三、结果枝组的培养

由一年生枝培养结果枝组的修剪方法，常用的有先截后放法、先截后缩法、先放后缩法、连截再缩法等几种方法。

四、骨干枝修剪

在盛果初期，可对延长枝采取中短截；盛果期后，外围枝大部分已成为结果枝，长势明显变弱，可用长果枝带头，使树冠保持在一定的范围内。盛果后期，骨干枝应及时回缩，复壮枝头。

五、除萌和徒长枝的利用

花椒进入结果期后，常从主干上萌发很多萌枝。这些枝应及早抹除。

不缺枝部位生长的徒长枝，应及时抹芽或及早疏除，以减少养分的消耗，改善光照。骨干枝后部或内膛缺枝部位的徒长枝，可改造成为内膛枝组。

六、低产花椒树的改造与修剪

衰老树修剪的主要任务是：首先应分期分批更新衰老的主侧枝。其次，要充分利用内膛徒长枝、强壮枝来代替主枝。对外围枝采用短截和不剪相结合的办法进行交替更新，使老树焕发结椒能力。

第六章 花椒树主要病虫的防治技术

花椒的病虫害较多，要有针对性地进行预防和防治，坚持预防为主、综合防治和无公害防治的原则。

第一节　主要虫害及其防治技术

一年内各月份，花椒各个部位都有虫害发生，花椒害虫的发生与气候密切相关。一般高温干旱易引起棉蚜、花椒跳甲、蚧虫类、山楂叶螨的发生，持续高温干旱易造成天牛、吉丁虫类等蛀干害虫的大发生，而冬季温湿适宜时会引起黄连木尺蛾的猖獗发生。

一、花椒蚜虫

1. 花椒蚜虫及为害

花椒蚜虫是花椒病虫害中难以防治的害虫，花椒蚜虫一般聚集在嫩梢及幼嫩部位，以刺吸口器吸食叶片、花、幼果及幼嫩枝梢的汁液，被害叶片向背面卷缩，引起落花落果，同时，排泄蜜露，使叶片表面油光发亮，影响叶片的正常代谢和光合功能，并诱发烟煤病等病害的发生。

2. 花椒蚜虫防治方法

（1）坚持早治疗，在历年蚜虫为害发生的重灾区，应在发生初期，重点喷药防治，忌防有蚜无蚜全面喷药杀伤天敌的弊病。

（2）同时在有条件的地方可饲喂天敌进行生物防治。

（3）水、洗衣粉、尿素以 100：0.02：0.4 混合喷洒。

（4）把主干黑皮用小刀子刮去，用50%敌敌畏按擦刮皮的一圈，4~5 天后蚜虫退光。

（5）生物防治。七星瓢虫等是花椒蚜虫的天敌，可以间作某些作物来招引七星瓢虫和食蚜蝇来安家，也可以人工放养七星瓢虫来防控蚜虫，通常在 5 月上旬蚜虫开始为害时，向椒树投放七星瓢虫。

二、跳甲虫及为害

跳甲虫属于叶甲科、鞘翅目叶甲总科，世界性分布，中国约1 400种。成虫体长 2~4 毫米，为黑色小甲虫。鞘翅中央有一条黄色曲线，中部窄而弯曲，后足腿节膨大，为跳跃足，故此称黄曲条跳甲、黄条跳甲，也叫菜蚤子、土跳蚤、黄跳蚤、狗虱虫（图 6-1）。

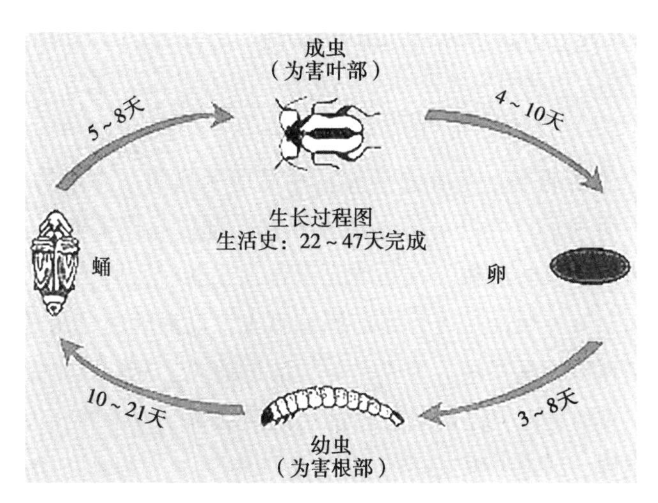

图 6-1　跳甲虫生命史

1. 为害

其为害方式主要是幼虫潜入叶内蛀食叶肉，引起叶片提前枯萎脱落。

2. 防治方法

跳甲虫一年中以4—5月（第一代）为害最烈。根据成虫的活动规律，采取有针对性的喷药。温度较高的季节，中午成虫大多数潜回土中，一般喷药较难杀死。可在早上7—8时或下午5—6时（尤以下午为好）喷药，此时成虫出土后活跃性较差，药效好；在冬季，跳甲虫上午10时左右和下午3—4时特别活跃，易受惊扰而四处逃窜，但中午常静伏于叶底部。因此，冬季可在早上成虫刚出土时，或者于中午、下午成虫活动处于“疲劳”状态时喷药。

（1）先外后内。跳甲虫有很强的跳跃性，从里向外喷药，跳甲虫容易逃跑，所以喷药时应注意从田边向里围喷，以防具有很强跳跃能力的成虫逃跑。田块较宽的，应四周先喷，合围杀虫；如田块狭长，可先喷一端，再从另一端喷过去，做到“围追堵截”，防止成虫逃窜。喷药动作宜轻，勿惊扰成虫。

（2）上下兼治。防治跳甲虫只考虑地上喷药，往往效果较差。跳甲虫不但为害作物叶片，还为害作物根部，应该采取上下同治，物理防治和化学防治相结合。首先于作物收获后，彻底收集残株落叶，铲除杂草烧毁，并进行播前深翻晒土，以消灭部分虫蛹，恶化虫子越冬环境，可减轻为害。另外，铺设地膜，避免成虫把卵产在根上。在重为害区，播前或定植前后采取撒毒土或淋施药液的办法先处理土壤，毒杀土中虫蛹。

（3）交替用药。能防治跳甲虫的药不少，但单一用药容易发生抗药性，影响防治效果。当发现幼虫开始为害蔬菜根部时，用50%辛硫磷乳油1 000~1 500倍液逐棵灌根，每棵灌药液100~200毫升。

当田间出现为害时，可喷施啶虫脒、哒螨灵和菊酯类的杀虫剂，可以混配使用，也可交替使用，但不要单一用药。

三、花椒虎天牛

1. 形态特征

成虫体长19~24毫米，体黑色，全身有黄色绒毛。头部细点刻密布，触角11节，约为体长的1/3。足与体色相同。在鞘翅中部有2个黑斑，在翅面1/3处有一近圆形黑斑。卵长椭圆形，长1毫米，宽0.5厘米，初产时白色，孵化前黄褐色（图6-2）。初孵幼虫头淡黄色，体乳白色，2~3龄后头黄褐色，大龄幼虫体黄白色，节间青白色。蛹初期乳白色，后渐变为黄色。

图6-2　花椒虎天牛

花椒虎天牛两年发生一代，多以幼虫越冬。5月成虫陆续羽化，6月下旬成虫爬出树干，咬食健康枝叶。成虫晴天活跃，雨前闷热最活跃。7月中旬在树干高1米处交尾，并产卵于树皮裂缝的深处，每处1~2粒，一雌虫一生可产卵20~30粒。一般8—10月卵孵化，幼虫在树干里越冬。次年4月幼虫在树皮部分取食，虫道内流出黄褐色黏液，俗称“花椒油”。5月幼虫钻食木质部并将粪便排出虫道。

幼虫共5龄，以老熟幼虫在蛀道内化蛹。6月受害椒树开始枯萎。

2. 防治方法

一般6—7月为成虫盛发期，此期选择晴天无风的下午进行人工捕捉成虫；5—8月适时进行检查，一旦发现虫卵粒和幼虫应及时刮除杀死。

每年3—11月可采取药剂防治。方法如下：

（1）用1∶20敌敌畏、煤油液涂抹受害树皮及其周缘处，对三龄幼虫药杀效果可达100%。

（2）用0.3∶1氧化乐果溶液涂抹树干基部，可杀死皮下低龄幼虫。

（3）用1∶2 500倍敌杀死溶液喷洒椒树触杀成虫。

（4）成虫蛀入树干的，可采用棉球蘸氧化乐果液塞入洞孔内，再用稀泥堵塞窒息。使用敌敌畏、煤油液和氧化乐果溶液涂抹树干时，注意不能全干涂抹，否则会发生严重药害。

（5）生物防治。川硬皮肿腿蜂是花椒虎天牛的天敌，在7月的晴天，按每受害株投放5~10头川硬皮肿腿蜂的标准，将该天敌放于受害植株上。实践证明，应用川硬皮肿腿蜂防治花椒虎天牛效果好。

四、桃红颈天牛

桃红颈天牛属鞘翅目，天牛科。体黑色，有光亮；前胸背板红色，背面有4个光滑疣突，具角状侧枝刺；鞘翅翅面光滑，基部比前胸宽，端部渐狭；雄虫触角超过体长4~5节，雌虫超过1~2节。体长28~37毫米（图6-3、图6-4）。

1. 为害方式

幼虫在木质部蛀隧道，造成树干中空，引起树势衰弱，严重时

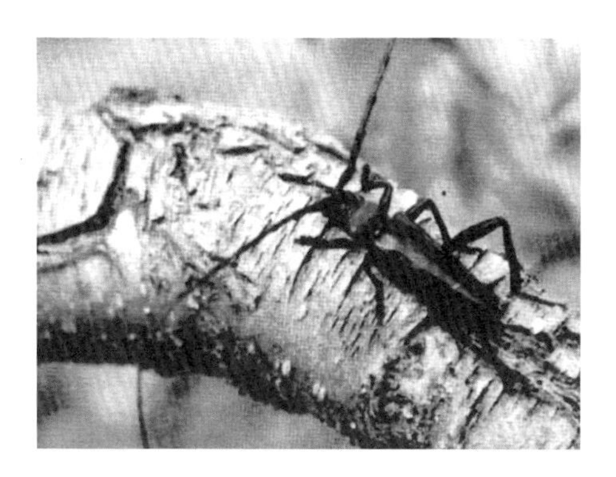

图 6-3　桃红颈天牛

图 6-4　桃红颈天牛幼虫

造成树体死亡。

2. 形体特征

成虫体长 28~37 毫米，前胸大部分为棕红色，有光泽。卵圆形，乳白色，长 6~7 毫米，初孵幼虫乳白色，老熟幼虫头黑褐色，体长 50 毫米左右。

3. 生活史

一般 2 年一代，5—6 月老熟幼虫作茧化蛹，6—7 月成虫羽化。

从树干中钻出交尾，卵多产在主干、主枝的树皮缝隙中。卵期 8 天左右。幼虫孵化后向下蛀食韧皮部，第 2 年 7—8 月，幼虫长至 30 毫米后，头向上往木质部蛀食。到第 3 年 5—6 月幼虫老熟化蛹，蛹期 10 天左右羽化为成虫。

4. 防治措施

（1）6—7 月成虫羽化期用糖、酒、醋（1∶0.5∶1.5）混合液诱集杀死成虫。

（2）成虫发生前，用 1 份硫黄、10 份生石灰和 40 份水配制成涂白剂涂刷树干和主枝基部，防止成虫在树体上产卵。

（3）经常检查树干和主枝基部，发现虫粪和木屑时，用铁丝钩杀，或用小刀在幼虫为害流出黄褐色汁液部位纵划，杀死幼虫。

（4）在幼虫为害期，用 1 份敌敌畏或杀螟松，加 9 份煤油或柴油配制的溶液，注入虫孔，可杀死幼虫。

五、桔褐天牛

1. 形态特征

成虫体色黑褐，有光泽，体长 26~51 毫米，宽 10~14 毫米（图 6-5）。

2. 生活史

3 年 1 代，以幼虫越冬 3 次，每年 3 月底至 11 月活动，每天把所蛀木屑送出洞外。老熟幼虫在虫道末端筑室化蛹，蛹期 20 天，羽化后成虫钻出洞外，寿命 1~2 个月，5—8 月均可见到成虫，但以 6—7 月最多。成虫白天隐蔽，黄昏后活动、交配、产卵，卵散产于树皮裂缝或伤口处，卵期 10 天左右，初孵幼虫先在皮下蛀食，6 周后即蛀入木质部。

图 6-5　桔褐天牛

3. 防治方法

（1）人工捕杀。6—7 月间夜晚，用手电照明捕杀成虫。

（2）人工钩杀。用铁丝钩伸入较浅的虫孔中，钩杀幼虫。

（3）农药毒熏。用注射器注入 500 倍的敌敌畏，杀死蛀孔幼虫；或者用棉球蘸些溴氰菊酯与敌敌畏各 50 倍的混合液塞入洞内，用湿土封住洞口，可起到熏杀幼虫的作用。

六、黑绒金龟子

黑绒金龟子分布广泛，在我国江苏、浙江、黑龙江、吉林、辽宁、湖南、福建、河北、内蒙古自治区、山东、广东等地。成虫食性杂，主要啃食幼叶为害，幼苗的子叶生长点被食造成全株枯死，

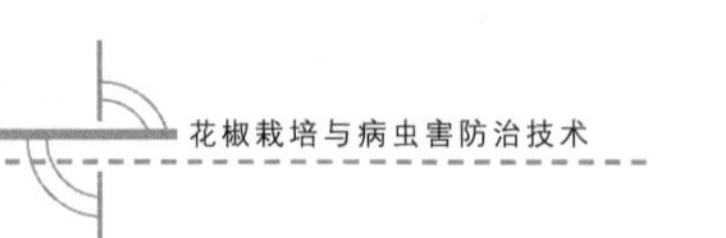

幼虫咬食幼根为害，影响植株的生长发育。

成虫体长 7~8 毫米，宽 4~5 毫米，略呈短豆形（图 6-6）。背面隆起，全体黑褐色，被灰色或黑紫色绒毛，有光泽。触角黑色，鳃叶状，10 节，柄节膨大，上生 3~5 根刚毛。前胸背板及翅脉外侧均具缘毛。两端翅上均有 9 条隆起线。前足胫节有 2 齿；后足胫节细长，其端部内侧有沟状凹陷。卵长 1 毫米，椭圆形，乳白色，孵化前变褐。幼虫老熟时体长 16~20 毫米。头黄褐色。体弯曲，污白色，全体有黄褐色刚毛。胸足 3 对，后足最长。腹部末节腹毛区中央有笔尖形空隙呈双峰状，腹毛区后缘有 12~26 根长而稍扁的刺毛，排出弧形。蛹长 6~9 毫米，黄褐色至黑褐色，腹末有臀棘 1 对。

1. 为害

该虫在花椒主要产区均有发生和为害。以成虫取食花椒嫩芽、幼叶及花的柱头。常群集暴食，造成严重为害。

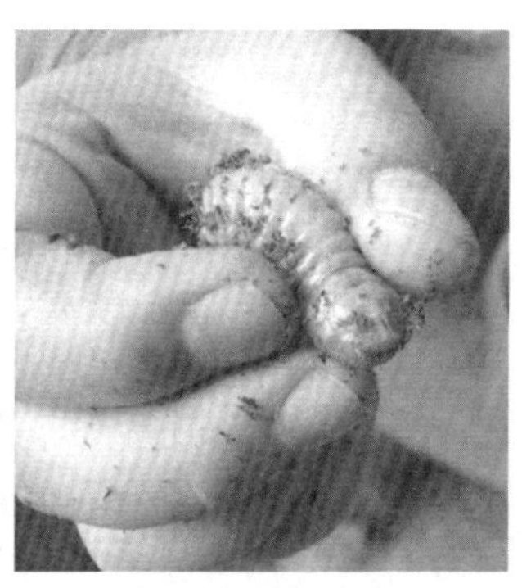

图 6-6　黑绒金龟子

2. 防治方法

从 4 月上旬开始，连续喷洒溴氨菊酶 3 000倍液 2~3 次，可有效控制几种害虫的为害。初春，在树干胸径处涂抹氧化乐果 80~100 倍液，利用花椒树皮薄、容易吸收这一特点，能起到施一种药兼防多种害虫的作用。还可以利用成虫的假死性，于发生期傍晚振落扑杀。也可利用成虫的趋光性，于发生期安置黑光灯诱杀。

七、花椒介壳虫

介壳虫属于刺吸性口器害虫，一般 1 年发生数代，在花椒上发生时期主要集中在 5—6 月与 9—10 月。

1. 为害

为害花椒的介壳虫一般以盾蚧为主，比如梨园盾蚧、桑盾蚧等品种。介壳虫属于刺吸性口器害虫，一般 1 年发生数代，在花椒上发生时期主要集中在 5—6 月与 9—10 月，以若虫、成虫吸食花椒树枝、树干的汁液，造成枯梢、黄叶，树势衰弱，严重时死亡。由于介壳虫成虫体表有一层厚厚的蜡质层，药剂不易渗透和接触虫体，因此特别要注意在成虫蜡质形成之前进行防治。

2. 防治方法

由于蚧类成虫体表覆盖蜡质或蚧壳，药剂难以渗入，防治效果不佳。因此，蚧类防治重点在若虫期。

（1）物理防治。冬、春用草把或刷子抹杀主干或枝条上越冬的雌虫和茧内雄蛹。

（2）化学防治。可选择内吸性杀虫剂。

（3）生物防治。介壳虫自然界有很多天敌，如一些寄生蜂、瓢虫、草蛉等。

八、花椒红蜘蛛

花椒红蜘蛛雌成虫体卵圆形，长 0.55 毫米，体背隆起，有细皱纹，有刚毛，分成6排。雌虫有越冬型和非越冬型之分，前者鲜红色，后者暗红色。雄成虫体较雌成虫小，约0.4毫米。

1. 为害

红蜘蛛别名红叶螨，1年发生13代。生育期分为四个阶段：卵、幼螨、若螨、成螨。其中以雌性成螨、幼螨、卵在土缝、树皮、杂草根部等地方越冬。第二年早春2—3月，处于不同生育期的螨开始活动为害花椒，进入3月下旬至4月中旬（温度20~25℃）大量成螨为害花椒。红蜘蛛主要为害花椒的幼嫩组织如花芽、新叶、花序、幼果、新枝等。在天气干旱的盛花期红蜘蛛为害最为严重，造成大量落花，对后期产量影响很大。

2. 防治方法

（1）化学防治。必须抓住关键时期，在4—5月，害螨盛孵期、高发期用25%杀螨净500倍液、73%克螨特3 000倍液防治；或用内吸性杀虫剂氧化乐果1 000倍液；40%速扑杀800~1 000倍液。

（2）生物防治。害螨有很多天敌，如一些捕食螨类、瓢虫等，田间尽量少用广谱性杀虫剂，以保护天敌。

（3）农业措施。冬季清园，清除田间枯枝落叶和杂草并集中销毁，浅翻土壤。及时施肥、灌水、修剪，以增强树势，创造不利于红蜘蛛活动的环境。

九、花椒窄吉丁虫

花椒窄吉丁虫（图6-7）主要以幼虫取食韧皮部，以后逐渐蛀食形成层，老熟后向木质部蛀化蛹孔道，成虫取食椒叶进行补充营养，被害树干大量流胶，直至树皮腐烂、干枯脱落，严重影响营养运输，可导致叶片黄化乃至整个枝条或树冠枯死。

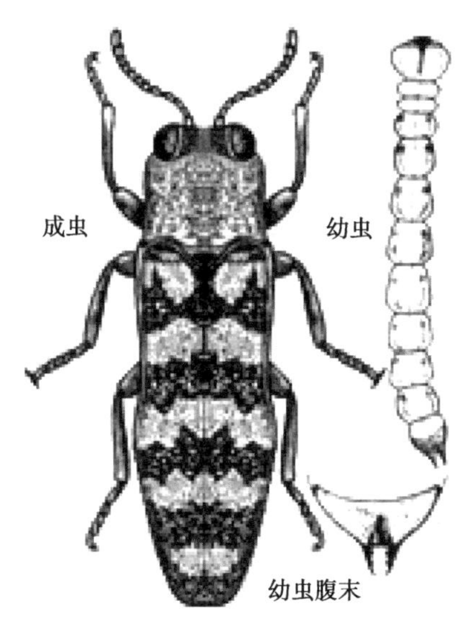

图 6-7　花椒窄吉丁虫

1. 形态特征

雌成虫体长 8~10 毫米，雄成虫体长 7~9 毫米，体窄长，鞘翅铜色有光泽，椭圆形触角锯齿状 11 节，有刚毛。卵初产为乳白色，后变成淡黄色或红褐色。多为散生产于树干 50 厘米以下部位树皮的小裂缝、小坑道翘皮损伤处。初孵幼虫体白色，体细如线、长约 2 毫米；经第一次越冬的幼虫体长逐渐达到 1.5 厘米以上，偏乳白色；蛹为裸蛹、体长 8~10 厘米，初蛹白色，后从胸部出现黑色，蛹期 30~40 天。

2. 生活史与习性

二年一代，幼虫蛀食木质边缘越冬，4 月上旬从越冬处向周围未受害树皮转移，扩大为害 5 月中旬成虫羽化取食椒叶进行补充营养，下旬开始产卵于椒树下部皮缝处，6 月为该虫为害严重期。

3. 防治方法

第一，由于花椒窄吉丁虫幼虫期长，跨冬春两个植树季节，携带幼虫的枝干极易随种条、大苗传播，因此要加强栽植材料的检疫；从疫区调运被害木材时，须经剥皮、火燎或熏蒸处理。

第二，选育抗虫树种，营造混交林，加强抚育和水肥管理，适当密植，提早郁闭，增强树势，避免受害。及时清除虫害枝条或剪除被害植株，歼灭虫源。

第三，药物防治、保护树干。①成虫盛发期，用 90% 敌百虫晶体、50% 杀螟松乳油 1 000倍液，或用 40% 乐果乳油 800 倍液喷射有虫枝干，连续 2 次，效果良好。②在幼虫孵化初期，用 50% 辛硫磷乳油与柴油的混合液（1：40），或用 40% 氧化乐果乳油的 100 倍液涂抹为害处，每隔 10 天涂抹 1 次，连续 3 次，效果良好。③针对花椒窄吉丁虫 6—7 月正值幼虫在韧皮部钻蛀盛期，先用小刀纵向划裂虫斑，再用 28 波美度石硫合剂涂刷，歼灭花椒树皮内及皮下幼虫，兼治腐烂病；7 月正值初孵幼虫盛发期，用 50% 辛硫磷乳油与羊毛脂按 1：3 配成膏剂，在花椒树基部涂一圈药环，每树涂药 20~30 毫升，杀虫率达 85%。④ 5 月上、中旬成虫羽化出孔前，用涂白剂对树干 2 米以下的部位涂白，可使幼树对花椒窄吉丁虫的荷卵量显著减少，卵的孵化率明显降低。

第四，生物防治。①以花椒窄吉丁虫为对象，6 月至 8 月上旬当幼虫在皮下及木质部边材为害时，采用逐行逐株或逐行隔株在树干上释放管氏肿腿蜂，放蜂量与虫斑数之比为 1：2，治虫效果良好。②保护利用当地天敌，包括猎蛾、啮小蜂等；斑像木鸟捕食花椒窄吉丁虫个体，可在林内悬挂鸟巢招引，使其定居和繁衍。

第五，早春树干埋土，护树保墒。

十、花椒粉蝶(又称柑橘粉蝶)

1. 形态特征

成虫体长 18~30 毫米，翅展长 66~120 毫米，体黄绿色，背面黑色条纹，此蝶有春夏两种，夏形大带深黄色，春形体小，幼虫初令黑褐色，头为黄色，老熟时全体绿色（图 6-8）。

图 6-8　花椒粉蝶（柑橘粉蝶）

2. 生活习性

一年 2~3 代，以蛹越冬，3 月成虫羽代成卵，卵化后取食嫩叶、

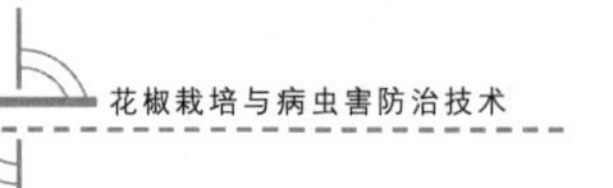

食量，有时整株叶片吃光，老叶片仅留主脉，5 月老熟化蛹，6 月、7 月发生的为春型，7 月后发生的为夏型。

3. 防治方法

发现后用氯氟氰菊酯、甲维盐、甲维灭幼脲、联苯菊酯等喷雾防治。

十一、花椒瘿蚊

1. 为害

花椒枝条受害后，嫩枝因受刺激引起组织增生，形成柱状虫瘿。随虫龄的增大，被害部即出现密集的小颗瘤状突起。虫瘿可长达 42 厘米，有虫数达 55~335 头，受害枝不仅生长受阻，后期枯干，而且常致使树势衰老而死亡。

2. 防治方法

（1）剪去虫害枝，并在修剪口应及时涂抹愈伤防腐膜保护伤口，防治病菌侵入，及时收集病虫枝烧掉或深埋，配合在树体上涂抹护树将军阻碍病菌着落于树体繁衍，以减少病菌的成活率。

（2）肥水充足，铲除杂草，在花椒花蕾期、幼果期、果实膨大期各喷洒一次花椒生命高能素，提高花椒树抗病能力，同时可使花椒椒皮厚、椒果壮、色泽艳、天然品味香浓。

（3）药剂防治。在花椒采收后及时喷洒针对性药剂加新高脂膜增强药效，防治气传性病菌的侵入，并用棉花蘸药剂在颗瘤上点搽，全园喷洒护树将军进行消毒。

第二节　主要病害及其防治技术

一、花椒叶锈病

1. 症状与为害

花椒锈病主要为害叶片。叶片染病叶背面现黄色、裸露的夏孢子堆，大小0.2~0.4毫米，圆形至椭圆形，包被破裂后变为橙黄色，后又褪为浅黄色，在与夏孢子堆对应的叶正面现红褐色斑块，秋后又形成冬孢子堆，圆形，大小0.2~0.7毫米，橙黄色至暗黄色，严重时孢子堆扩展至全叶。它是花椒主要病害之一，常引起花椒大量落叶，影响花椒的产量和品质。

2. 防治方法

（1）掌握当地花椒锈病的发病时间，在发病前5天喷1次1∶1∶100倍的波尔多液进行预防。历年发病严重的椒园隔5天再喷1次。

（2）发病盛期喷施1∶2∶200倍波尔多液或0.1~0.2波美度石硫合剂，或用65%的代森锌500倍液2~3次。

（3）采用良种壮苗栽植，并注意选择适宜的园地和进行合理密植。对现有椒树加强肥、水管理，铲除杂草，合理修剪，改善通风透光条件，促进椒树健康生长，增强其抗病能力。

（4）晚秋及时剪除病枯枝，清除园内枯枝落叶及杂草，集中烧毁，减少越冬菌源。

二、花椒根腐病

1. 症状与为害

最常发生在苗圃和成年椒园中，由于腐皮镰孢菌引起的一种土传病害受害植株根部变色腐烂，嗅觉特征是有臭味，根皮与木质树干部位脱离，树干木质部位呈黑色。地上部分叶形小而且色黄枝条发育不全，更严重的情况就是全株死亡。

2. 防治方法

（1）合理调整布局，改良排水不畅，环境阴湿的椒园，使其通风干燥。

（2）做好苗期管理，严选苗圃，15%粉锈宁 500~800 倍液消毒土壤。高床位栽树，掏土壤深沟，重施基肥。及时拔除病苗。

（3）移苗时用 50%甲基托布津 500 倍液+嘉美红利 800 倍液浸根 24 小时。用生石灰消毒土壤。并用甲基托布津 500~800 倍液，或用 15%粉锈宁 500~800 倍液+嘉美红利 1 000倍液灌根。

（4）发病初期用 15%粉锈宁 300~800 倍液+嘉美红利 1 000倍液灌根（注意：成年树），能有效阻止发病。夏季灌根能减缓发病的严重程度，冬季灌根能减少病原菌的越冬。

（5）及时挖除病死根及病死树，并烧毁，消除病染源。

三、花椒膏药病

1. 症状与为害

树干和枝条上形成圆形，椭圆形或不规则形的菌膜组织，贴附于树上，菌膜组织，直径可达 6. 7~10. 0 厘米，初呈灰白色，浅褐色或黄褐色，后转紫褐色，暗褐色或内褐色；有时呈天鹅绒状，边缘色较淡，中部常有龟裂纹；有的后期干缩，逐渐剥落，整个菌膜好像中医的膏药，故称“膏药病”。

病原菌主要为担子菌纲黑木耳目隔担子属的真菌。卷担子属的真菌有的也引起膏药病；病菌常与介壳虫或白蚁共生，菌丝体在树干表面发育，逐渐扩大形成相互交错的薄膜，但也能侵入寄主皮层吸取养分。老熟时，在菌丝层表面形成担子，担子再度成熟并不断分裂成孢子，并随风雨虫等载体而传播。

花椒膏药病对树木影响一般不显著，但如严重感病，可引起弱小枝条逐渐衰弱，甚至死亡，从而影响花椒的品质和产量。

2. 防治措施

（1）适地适树。适地适树是造林的主要原则之一，在大的气候条件下花椒是我国大部分地区最适宜的造林树种也是最为明显的乡土树种之一，但是由于小气候小环境的调节作用，还必须根据其生物学特性，确定最适应最能体现花椒优势的造林地块进行造林。以便使花椒能更好地生长发育，提早开花结实，提高产量和质量。同时提高花椒的树势使其对病菌的侵害具有防御和抗病能力。

（2）合理的栽植密度。成年花椒的一般冠幅在 1.5~2.0 米，而花椒膏药病的发生与树龄、湿度及品种有着密切的关系，据调查，花椒膏药病主要发生在荫蔽潮湿的成年花椒园中。合理的栽植密度能增强花椒园的透气透光能力降低椒园的湿度，还能促进花椒组织的分裂提高其生长速度，避免花椒枝叶间的互相交错，形成荫蔽潮湿地段为膏药病的发生提供病灶。而且光照不仅对真菌的生长有抑制作用，还能在一定程度上杀灭真菌，所以合理的栽植密度不仅能增强树势提高花椒的抗病能力，而且对病菌类有杀灭作用。

（3）做好春秋两季的抚育。秋季的抚育不仅能增强树木的体质，

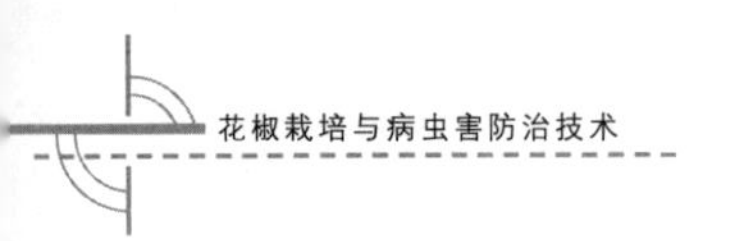

能促进花芽的分化，还能铲除病菌越冬的场所，使病虫害的发生得到有效的控制和防治；春季抚育能影响花椒的结实和果实的品质、产量、色泽，在花椒花蕾、幼果期果实膨大期各喷洒一次花椒壮蒂灵，提高花椒树能力，同时可使花椒椒皮厚，椒果大，色泽艳，天然品味香浓；在抚育中修除残枝和病枝的过程中，不仅能清除病原体，切断传染途径，还能增强椒园的透气透光能力，从而改善花椒树的生长环境促进其生长结果，所以做好春秋两季的抚育是提高树木对病虫害防治的又一方法。

（4）药剂防治及人工铲除。药剂防治和人工铲除是针对有病的植株进行防治的主要方法之一，膏药病是一种由真菌引起的树干病害，在药剂防治方面，一般采用药剂注射或高浓度强渗透性药剂涂刷病部，最为常用的药物是喷洒波尔多液或20%的石灰乳；当然普遍喷洒在成本上有些过高，而且还有可能杀灭部分介壳虫的天敌，为了使膏药病得到有效的防治，一般情况下只针对病植株进行人工铲除病部并用4~5波美度石硫合剂涂抹。因为石硫合剂是一种广谱杀菌剂，能有效杀灭引发膏药病的真菌。

四、花椒流胶病

花椒流胶病俗称干腐病（图6-9），是花椒树的常见病害，与粗放管理和树体生长势弱有关。流胶病发生后会严重削弱树势，影响产量、品质甚至导致死树，为了提高产量和效益，应进行提早防治以减少损失。

1. 症状与为害

主要为害树干和茎基部，严重时也为害树冠上的枝条。导致流胶病的发生有两个原因：一是受真菌侵染，枝干受害后，会形成瘤

图 6-9　染病树干

状凸起，之后树皮开裂溢出树脂，造成流胶，随着病菌侵染，受害部位细胞坏死，导致枝干枯死。同时溢出的胶体中含有大量的病菌，胶体随枝流下会导致根茎受病菌侵染。病菌形成的孢子在病枝里越冬，第二年春季 3—4 月时开始活跃，随气温升高而加速蔓延，一年有两次高峰，分别是 5—6 月和 8—9 月。二是机械损伤、虫害、冻害等造成伤口，从而发生流胶。尤其是在早春树叶流动时，由于存在根压，常发生此类流胶，流出的胶体都是树体合成的营养成分，易被腐菌浸染，导致枝干腐烂的发生。再者和土壤黏重导致植物根系生长不良，吸收养分能力弱从而造成树体生长势不良有关，以及和偏施氮肥导致树体虚旺，细胞不紧密，树体营养不足，抗病性差有关。同时偏施氮肥也会造成土壤板结、酸化、土壤中有益微生物活性降低，从而影响树体的生长势。

2. 防治方法

（1）施肥。增施奥农乐（中草药生物菌肥）+有机肥，减少氮肥、磷肥的使用。奥农乐可有效修复土壤、复壮树势。奥农乐是由中草药、海藻、矿物质复混后，添加固氮菌、固碳菌、苏云金芽孢杆菌等 8 种有益微生物发酵而成，含有多糖类、生物碱类、氨基酸类、腐殖酸类、海藻素等高能量物质以及钾、钙、镁、磷、硫、铁、锌、硼、锰、钼等矿物元素，可改善土壤的团粒结构，增加土壤保水保肥能力，解决土壤盐渍化、酸化、板结等状况，同时能为土壤补充各种矿物元素以及有益微生物的补充。

（2）适时喷药，做好预防。在病菌即将发生的 3 月下旬，喷靓果安 200~300 倍液+沃丰素 600 倍液+有机硅一次，提早杀菌、修复伤口同时给植株补充营养，在两次发病高峰期以前，5 月中旬和 7 月下旬，每隔 1 周喷 1 次靓果安 200~300 倍液+大蒜油 1 000倍液，其中配 1 次沃丰素 600 倍液。连喷 2~3 次，预防病菌蔓延。

（3）清园，修复伤口并减少越冬病原菌。冬季清理花椒园应彻底，将病虫枝叶集中烧毁或深埋；早春和秋末各喷一次溃腐灵 60~100 倍液，杀灭越冬病菌同时具有修复伤口、防止冻害的作用。

（4）治疗。对于已发生的病斑要及时刮除，并使用溃腐灵原液刷干，同时配合使用青枯立克 150~300 倍液+地力旺 300 倍液+沃丰素 600 倍液灌根。发现枝干上有蛀孔时，应及时用钢丝或竹签捅进，刺死活虫或用棉球蘸 800 倍大蒜油液后塞进蛀孔，外面用软泥涂封，熏死蛀虫。

五、花椒烟煤病

1. 症状与为害

在花椒主要产区均有发生，属真菌性病害。初期在叶、果或枝梢上出现一层污褐色不规则霉斑，此后霉斑不断扩大，形成暗褐色至黑色绒状霉层，并散生出堆状小粒点，即分生孢子器。霉层可以覆盖整个叶面和果面，叶背不受害，用手擦之即呈片状脱落。枝梢上的霉层由于茎表皮龟裂或嫩梢多毛而不易除去。果实常因盖有一层黑霉而在成熟时影响着色，影响品质。

2. 防治方法

（1）保持园内通风透光，抑制病菌的生长、蔓延。

（2）及时防治蚜虫、介壳虫，消除病菌营养来源，抑制病害发展。

（3）发病初期，用机油乳剂 200 倍液对加 50%多菌灵可湿性粉剂 500 倍液稀释，再加 1%煤油喷施叶面，效果良好，霉层在夏季可全部脱落。

六、花椒枝枯病

1. 症状与为害

花椒枝枯病俗称枯枝病、枯病。该病由拟茎点霉属的一种真菌侵染所引起，病原属于半知菌亚门，球壳孢目，球壳孢科，拟茎点霉属。病菌主要以分生孢子器或菌丝体形态在病部越冬。翌年春季产生分生孢子，进行初期侵染，引起发病。在高湿条件下，尤其在降水或灌溉后，侵入的病菌释放出孢子进行再侵染。分生孢子借雨水、风和昆虫传播，雨季随雨水沿枝下流，使枝干被侵染而病斑增多，从而引致干枯。椒园管理不善，造成树势衰弱或枝条失水收缩，冬季低温冻伤。地势低洼，土壤黏重，排水不良，通风透光不好的椒园，均易诱发此病，产生为害。

2. 防治方法

（1）加强管理。在椒树生长季节，及时灌水，合理施肥，以增强树势；合理修剪，减少伤口，清除病枝并集中销毁，可减轻病害发生。

（2）涂白保护。秋末冬初，用生石灰2.5千克，食盐1.25千克，硫黄粉0.75千克，水胶0.1千克，加水20升，配成白涂剂，粉刷椒树枝干，避免冻害，减少发病机会。

（3）对初期产生的病斑用刀刮除，病斑刮除后涂抹50倍砷平液、托福油膏或1%等量式波尔多液。深秋或翌年早春椒树发芽前，喷洒45%晶体石硫合剂100倍液或50%福美胂可湿性粉剂500倍液，防治效果明显。

七、花椒溃疡病

1. 症状与为害

花椒溃疡病，俗称花椒腐烂病，病原菌属于半知菌亚门，丛梗孢目，瘤座孢科，镰刀菌属。花椒树枝干感染发病后，病斑初呈长椭圆形，深褐色至黑色，以后病斑逐渐扩大，纵向长度可达20~45厘米。大型病斑中部颜色逐渐变为灰褐色，病部表皮干缩，并产生橘红色颗粒状小突起，病斑边缘处明显凹陷，患病与健康组织交界处清晰。病斑停止扩展后，因病斑周围组织愈伤作用的加强，在患病与健康交界处出现开裂线。大型溃疡斑常环切枝干，最后出现枝条干枯死亡。

2. 防治方法

（1）清除病残体。及时挖掉死树和锯掉已枯死的病枝，将其集中一起烧毁，防止病菌扩散传播。

（2）加强抚育管理。施足底肥，适时追肥，合理灌水；及时修剪，促进植株生长，增强抗病能力。

（3）药剂防治。对椒树上的病斑于早春或秋末，用40%福美砷可湿性粉剂100倍，或3波美度石硫合剂涂刷，可起到降低侵染源的作用，对其他健树涂干可起到保护作用。还可用1%的等量式波尔多液喷雾，对防治此病也有效。对多种伤口（如修剪伤、创伤等），先用1%硫酸铜进行消毒，再涂抹石灰水，或涂抹托福油膏、843康复剂加以保护，避免病菌侵入。

八、花椒炭疽病

花椒炭疽病俗称黑果病，该病是由胶孢炭疽菌侵染所引起，胶孢炭疽菌属半知菌亚门，黑盘孢炭疽菌属。该病主要分布于甘肃、陕西、山西、河南、四川、云南等省。

该病主要为害果实，发现初期，果实表面有数个褐色小点，呈不规则状分布，后期病斑变成褐色或黑色，圆形或近圆形，中央下陷，每年6月下旬至7月下旬开始发病，8月进入发病盛期。

1. 症状与为害

主要为害果实，也可为害叶片和嫩梢，严重时一个果实可达3~10个病斑，易造成果实脱落，一般减产5%~20%，甚至高达40%。发病初期，果实表面呈不规则的褐色小斑点，随着病情进入盛期，病斑变成圆形或近圆形，中央凹陷，深褐色或黑色。天气干燥时，病斑中央呈灰色或灰白色，且有许多排列成轮纹状的黑色或褐色小点。如遇到高温阴雨天气，病斑上的小黑点呈现粉红色小突起。病害可由果实向新梢、嫩叶上扩展。

2. 防治方法

病菌以菌丝体或分生孢子在病果、病叶及枝条上越冬。第二年6月初在温、湿度适宜时产生孢子、借风、雨和昆虫传播，引发病害。

能发生多次侵染。每年 6 月下旬至 7 月上旬开始发病，8 月为发病高峰。在椒园树势衰弱、通风、透光性差，高温、高湿条件下病害易发生流行。防治方法主要如下：

（1）加强椒园管理，进行深耕翻土，防止偏施氮肥，采用配方施肥技术，降雨后及时排水，促进进椒树生长发育，增强抗病力。

（2）及时清除病残体，集中烧毁，以减少病菌来源；通过修剪椒树改善椒园通风透光条件，减轻病害发生。

（3）冬季结合清洁椒园，喷施 1 次 3~5 波美度石硫合剂或 45%晶体石硫合剂 100~150 倍液，同时兼治其他病虫害。

（4）发病初期用 40%咪鲜胺丙森锌 800 倍液，或者用 36%戊唑醇丙森锌 800 倍液，或者用 32%苯甲溴菌腈 800 倍液等，发病盛期，可喷 25%吡唑醚菌酯 1 000 倍液，或者用 43%咪鲜胺 1 500倍液加 80%代森锰锌 800 倍液，或者用 3%多抗霉素 400 倍液。

第七章　花椒的采收、干制与贮藏

花椒质量的优劣主要在三个方面（品种好坏除外）成色、晒色和保色。做好花椒的采收、干制与贮藏是保证花椒质量的关键。

第一节　花椒的成熟期与采收

一、花椒的成熟期

花椒多数在秋后至处暑成熟，花椒的品种不同，成熟时期也不一样，有的偏早，采收延误会和其他品种混合在一起，没有优劣之分，影响花椒的成色度，如外界气候条件不同，地势阴阳不同，坡、平地不同，对花椒的先后成熟都有影响。

成色度，是确定花椒质量的标准，那什么又是成色呢？成色，简单地讲就是花椒生下时的颜色（即花椒成熟后的本色），它有优劣之分，而造成优劣色差的主要原因有三个方面。①品种不同导致颜色不同。②成熟期干旱缺雨，又无法灌溉，加上树枝密度小，花椒有焦油出现，采收下来的花椒就呈灰红色。③修剪不合理，椒枝过于稠密，树下晒不着太阳，颜色不佳，剪时株上株底同时摘取，同时晾晒而造成色劣。花椒的成色度：指花椒成熟后的色泽程度。由于以上原因，采摘前要注意观察（特别是人数过多时）看清楚株体的成色程度、及时采摘。

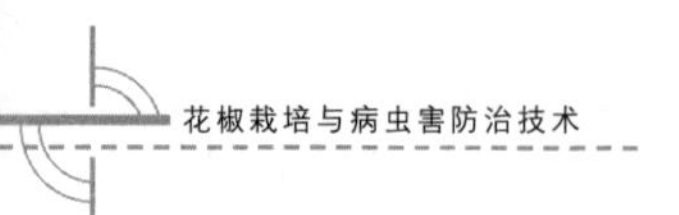

二、采收

采收是花椒生产的重要环节，不可忽视。采摘花椒前，先听天气预报，连阴雨天不能采摘，有露水时也不能多摘，没有好天气，采摘的花椒成色易变。采摘时应选晴天，对于人员过多时要特别注意。采摘时一般用竹笼，拌上用铁丝扭个钩，可挂在树枝上，对树既有压枝的作用，又便于采摘，采摘下的鲜椒要轻拿轻放，不能乱扔。采摘花椒时尽量一手扶枝，一手顺着椒柄，抓枝下梢搬动，这样不伤损芽体。群众总结出，抓子椒好晒、易干，果粒椒难晒、难干。采摘时不能五指齐上，抓主果粒组，硬拽易导致椒破损，一旦出水就会影响花椒的原成色。严重时变成灰黑色，再晒也晒不好。

1. 花椒传统采收方法

花椒传统采收方法主要有手工采摘、剪刀剪、机器采摘以及使用落果素。

目前在农村应用最广的是手摘，手摘灵活，方便节约，带叶量少，对椒树没有损伤。

有的利用剪刀剪，操作不方便，有的连枝剪下来，甚至连椒树的被芽也剪下来，这种方法的缺点在一方面灵活受到限制，速度慢，对椒体损伤大，严重损伤枝条和叶芽，对下年结果不利。

机械化采收来说缺陷更多，主要问题是虽然速度比手摘快，但损伤枝叶严重。另外花椒树千姿百态，利用机器操作繁琐，不灵活，随着科学技术的发展，剪椒机进一步改造，利用电脑控制，既能提高速度，又能对花椒树减少损失，相信在不远的将来，有更先进的方法。

2. 花椒采摘新技术

传统的花椒种植，主要靠人工站在椒园里面一串一串的采摘，费时费力，采摘了一天，也采摘不了多少，还搞得整个人腰酸背痛，双手到处被刺。

由于这种传统的采摘方法已经根深蒂固，农户首先想到的只有这样采摘，没有其他方法。所以，即使花椒卖得很贵，大多数农户都不愿意多种植，因为采摘费时费力，这样就造成了无法规模化种植。

重庆花椒种植基地的工人们创新了花椒采摘的新方法，即采用剪枝后放置在平坦的地方进行采摘。工人们拿着大剪子，齐刷刷的像剪蚕桑枝条一样很快就剪完一株，剪完后一捆捆地扎好，直接上车拉走，放置在平坦的地方后再进行采摘，既可以节省人工成本，又能大大提高采收效率。效率提高的原因就在于园里面站着采摘枝条拉来拉去不好采摘，部分椒树太高，够不着，现在干脆直接剪下来摆在地上，让工人坐着采摘，这样一个工人的效率至少是传统方法的三倍以上。

为什么采收花椒可以不惜剪掉枝条？原来花椒树如果不每年修剪反而容易形成老枝，久而久之枝条就会老化，开花结果能力就弱，产量就会下降，反而年年采摘的时候剪取枝条，留好树形和高度，来年新发的枝丫就会更茂盛，开花结果就会有保障。由此可见所谓新技术就是转变了思路，不要觉得剪掉可惜了。实践证明只有在生产中不断摸索才能推陈出新，从而获得意想不到的结果。

第二节　果实的晾晒与干制、加工

一、花椒果实的晾晒

花椒果实的晾晒，主要决定花椒的晒色，晒色指花椒在采收后晾晒、加温、籽皮分离处理后的颜色。晒色的好坏，主要决定于干籽皮的分离时间和方法，花椒采收后应放置一夜，第二天在土场上或筛上进行晾晒。水泥地板、石板上不能晾晒，由于温度上升快，椒色易变。晾晒的具体操作过程：把椒均匀的置于筛上或土场上，不能互相压挤（晒得很薄）。当全部张开时，用不超过一厘米直径的木条或笤帚轻打，使其籽全部脱落，或装在袋内，抓住口摔打也可，能取出的花椒皮全部取出，放置一边再晒，其余的籽、皮混椒可用簸箕分离，一般湿放，果实含籽量不超过8%，花椒皮内含有一定的水分，第二天接着再晒再分离。当把花椒用手轻揪，皮与柄分离则说明已完全干透，再分离，这时含籽量为0或1%以下。然后注意保色，一般用塑料袋子贮藏封口，花椒不易变色，放在干燥处，长时保持晒色，受群众欢迎。

花椒晾晒变色的原因：①温度光照不够，如晒椒时前半天晴、后半天阴或连阴雨天。②分离过早，有大部分还没张开，就用木棍打，导致花椒果实泡破裂染色。③放置方法不当，潮湿所致。④保色用具不佳。⑤花椒未完全晾干。

二、花椒果实的干制

传统的花椒干制方法是集中晾晒或于阴凉干燥处阴干，所需时间比较长，一般需6~10天，且在此期间如果遇到阴雨天气就容易出现霉变等问题造成损失。现在多采用人工烘烤方法，可用土烘房或烘干机进行干制。人工烘烤的花椒色泽好、能够很好地保存花椒的各种风味物质。

具体方法是：花椒采收后，先集中晾晒半天到一天，然后装烘筛送入烘房烘烤，装筛厚度3~4厘米。在烘烤开始时控制烘房温度为50~60℃，2~2.5小时后升温到80℃左右，再烘烤8~10小时，待花椒含水量小于10%时即可。在烘烤过程中要注意排湿和翻筛。开始烘烤时，每隔1小时排湿和翻筛一次，之后随着花椒含水量的降低，排湿和翻筛的间隔时间可以适当延长。花椒烘干后，连同烘筛取出，筛除籽粒及枝叶等杂物，按标准装袋即为成品。装袋后的花椒应在阴凉干燥处贮存。

三、花椒果实加工

1. 花椒粉的加工

取干制后洁净的花椒，放入炒锅中，用文火炒制，一边炒一边不停地翻搅；或用炒货机在120~130℃下炒制6~10分钟，取出自然冷却至室温，用粉碎机粉碎至80~100目，按定量装入塑料薄膜复合袋中，封口即为花椒粉成品。

2. 花椒油的加工

一般以新鲜花椒为原料。加工时先把食用菜油放入锅中，加热烧开使油沫散后，停止加热，待油温降至120~130℃（凭经验或用温度计测）时倒入花椒（菜油与花椒的比例为1：0.5），立即加盖密封，以减少芳香物质的挥发散失。冷却后用离心机在1 600~2 000转/分的速度下离心除去果渣等杂质，装瓶即为花椒油成品。

用此法加工花椒油时，要严格掌握油温，否则，当油温过高时会使麻味素受到破坏，芳香物质也迅速挥发；油温过低又不能使麻味素和芳香物质充分溶出，都会影响产品质量。

3. 花椒籽油的加工

目前，花椒籽油多采用压榨法和浸出法提取。

压榨法有悠久的历史，它的工艺过程比较简单：用机械的方法把油从油料中挤压出来。能保证油品的营养不流失，现代的压榨法已是工业化自动化的操作。从压榨原料的预处理来区分有冷榨法和热榨法。花椒籽油压榨法生产工艺：花椒籽—破碎—蒸炒—榨油—精炼—成品油—灌装包装。

花椒籽油的浸出法提取主要有三种方法：蒸馏法、溶剂萃取法和超临界萃取法。蒸馏法是利用溶液中各组分的挥发度的不同来提取花椒籽油的；溶剂萃取法是利用花椒籽油在不同溶剂中溶解度的不同来提取花椒籽油的；而超临界萃取法是通过调节 CO_2 的压力和温度来控制花椒籽油在其中的溶解度和蒸汽分压来提取花椒籽油的。

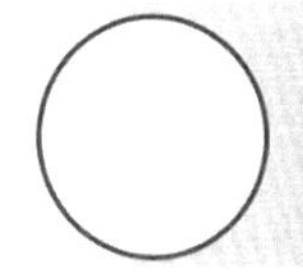

主要参考文献

花椒虎天牛的高效防治方法［EB/OL］.［2017-07-22］. http：www. zqycw. com/yczz/4905. html.

花椒介壳虫的防治方法［EB/OL］.［2016-03-21］. http：www. nongyao001. com/insects/show-20796. html.

花椒树6月至7月下旬这些病虫害最突出［EB/OL］.［2018-08-13］. http：www. mini. eastday. com/a/1808130 11754115-3. html.

花椒树常见病虫害防治图谱［EB/OL］.［2018-12-03］.http：we-media. ifeng. com/91025178/wemedia. s. html.

李优，韩强，秦波，2018. 花椒栽培与病虫害防治技术［M］. 北京：中国农业科学技术出版社.

张炳炎，2006. 花椒病虫害诊断与防治原色图谱［M］. 北京：金盾出版社.

张和义，2017. 花椒优质丰产栽培［M］. 北京：中国科学技术出版社.

附录一 青花椒种植技术要点概略

一、品种选择

江边河谷一带种植条件好的地方应以青花椒这种生产快结果早且丰产性强的优良品种为主栽品种，扩大发展。种植条件差的地方选栽适应性较强耐干旱瘠薄的青花椒。

二、苗木培育

花椒遗传性稳定，种子繁殖快、简单。采收充分成熟的果穗，用水沉选落水的种子置通风干燥处，阴干、取种、贮藏、待播。

1. 播种时间及种子处理

播种时间春秋均可。春季降雨较多，土地湿润或有灌溉条件的地方可春播。春季干旱的地区适宜秋播。一般在土地封冻前（10 月下旬到 11 月下旬）进行。秋播种子在土壤中越冬自动完成催芽，减少了冬季贮藏及人工催芽过程，且种子翌春发芽早，苗木生长期长。春播则必须进行种子脱脂处理（因其种子壳厚而硬油脂丰富，不透气，发芽困难）。具体方法是：①将种子与湿沙混合，置于 50 厘米深的土坑内 3 个月，待春季适时播种。②细土与种子混合揉搓至无光泽油层既可。③每千克种子用 50 克碱兑适量水（刚好淹浸种子）浸种 10 小时左右，洗去碱水，晾干即可。④将种子与湿壤土（或鲜牛粪）按 6∶1 的比例混匀、阴干，播时撮碎带土。

2. 播种及管理

选背风向阳，交通方便有水源且耕性好的土地作苗圃。苗圃地要精耕细耙，施足有机肥，做好苗床。为防虫灭菌可在播种前 5～7 天进行土壤处理。喷洒 1%～3%硫酸亚铁溶液和 5%的西维因粉剂，随即耕翻。之后再浸灌一次水，稍晾干即可播种。按行距 30 厘米开沟，沟深 2～5 厘米，将种均匀撒入沟中随即覆土，覆土厚 1～3 厘米，干旱地区可达 5 厘米。覆土后轻轻镇压，使种土紧密结合（亩用种量 10～20 千克，亩产苗木 2 万～8 万株）。为了保蓄水分，减少灌溉，抑制杂草，防止鸟兽为害，提高种子发芽率，播种后可用碎秸秆覆盖，有条件地进行地膜覆盖效果更好。出苗期和幼苗期（6 月以前）不灌水，若特别干旱可喷一些水，切忌大水漫灌和圃内积水。苗木速长期（7—8 月）需水量较大，若土壤干旱应及时浇水。苗圃要始终保持四无（无板结、无杂草、无积水、无病虫），两不缺（不缺肥水）。地力强、管理强的苗木当年即可出圃，差的次年出圃。另外还可用分株、压条、嫁接等无性繁殖法育苗，以保持品种优良特性。

三、建园栽植

一般要求选择避风向阳、土层厚 30 厘米以上，排水良好的中性土壤为好。

必须注意：荒山建园一定要选坡地中下部的阳坡、半阳坡，进行坡改梯，或修水平沟，也可挖大规格的鱼鳞坑，改土建园。定植一般采用 2 米×4 米或 3 米×4 米的株行距，亩栽 60～85 株，实行壮苗、大坑（1 米见方）、客土、正苗、覆土至根茎、踏实、压紧、灌足定根水。秋栽宜在落叶后，封冻前进行，栽后要定干、埋土防寒；春栽在解冻后发芽前进行。

四、科学管理

"三分选，七分管"，要想花椒林健壮、长寿、早果、早丰产，就必须做好七分管。

1. 中耕除草

"花椒不除草，当年就枯老"，杂草与林木争肥水特别严重。故每年春夏要结合间作物松土除草 2~4 次。秋季花椒采摘后要进行深耕、扩穴、松土。花椒根系浅，毛根多，整地时应从树干基部向外围进行，由浅及深 10~30 厘米，否则伤根多，影响树势。

2. 科学施肥

为恢复树势，增强光照增加营养积累，奠定翌年的丰产基础，采果后一定要施基肥。施肥要参照 1 千克干果，5 千克农家肥的比例，加上适量的速效肥尿素 0.3~0.5 千克，磷肥 0.5~1 千克，结合秋季深耕、撒施。试验证明，树下均匀撒施基肥，较环状沟或放射状沟施肥增产 10%~20%。土壤条件好的地方，可在生产季节不同的时期进行适时追肥，如花前、花后、果实膨大期，追施适量的尿素（每株 0.3~0.5 千克）结合磷钾肥更好，以补充养分满足其生长结果的需要。花椒落花落果严重，盛花期（5 月上旬）喷 0.3%的硼砂，加 0.4%的尿素，在果实膨大期，喷施 0.3%的尿素加 0.3%的 KH_2PO_4 可提高授粉受精，提高坐果率。

3. 防旱排涝

花椒虽较耐旱，但 5 月是各器官生产旺盛期，属"需水临界期"必须浇水一次，有条件的地方一般年份应按气候情况适时灌萌芽水、花后水、秋前水、封冻水，以满足树体各个时期的需求。花椒极不耐涝，短期积水或洪水冲淤都会造成树体死亡。因此多雨季节要修好排水沟，及时排出地面积水，防止洪水冲淤。

4. 整形修剪

整形修剪是促使幼树早果早丰，成树高产稳产，老树更新复壮，恢复产量的有效措施，应充分发挥其作用。花椒树萌芽和成枝力均强，极易造成冠内枝条稠密，紊乱，光照不足，通风不良致使枝条细弱、干枯，果穗小、轻，质量差，树体早衰，采取冬夏结合修剪，调节群体与个体间的关系，平衡营养物质的再分配，就能使之早果、早丰、稳产长寿。冬剪：定植当年按树形要求定干。开心形定干高30厘米，丛状形定干10厘米。当年或次年选留3~4个主枝，轻短截，培育自然开心形，或剪去1/3造成多主枝，丛状形。第三年于每个主枝上选留2~3个侧枝，使结果枝组均匀分布在侧枝上。4~5年完成树形，以后去掉中心干即成开心形。结果树以疏剪为主，剪去冠内交叉、重叠、徒长、病虫枝和枯枝，更新部分结果母枝。老树以回缩，更新主侧枝、结果母枝为主，选留壮枝为各类回缩枝的带头枝，有计划地做到长树、结果两不误。夏剪：在冬剪的基础上，于6月上旬进行摘心、撑、拉、坠，开张角度，使园内既无空缺又不拥挤，冠内丰满而不密，增大采光面积，改善通透条件，削弱顶端优势，使营养物质向花芽分化和壮果转化。整个修剪工作要本着因枝修剪，随树做形的原则进行。

5. 病虫防治

首先是结合修剪，剪去病虫枝集中销毁；其次是早春花椒发芽前（3月中上旬），喷3~5波美度石流合剂，预防病害发生同时杀伤棉蚜、桑白蚧等；4月底5月初，花椒落花后喷溴氰菊酯1 000~1 500倍液，治蚜虫、介壳虫、花椒凤碟、刺毒蛾、木燎尺蠖等害

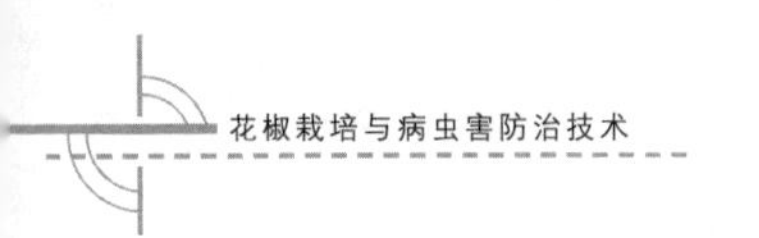

虫；6—8 月喷施 25%可湿性西维因 500 倍液防治金龟子、红蜘蛛；8—9 月花椒采收后，树冠及地面周围喷洒 50%的敌百虫 800 倍液或 50%的敌敌畏 1 000倍液防治花椒凤蝶及花椒潜甲等（最好选用生物农药和低毒高效的农药）。

6. 防治冻害

花椒易受冻害造成大量减产，甚者树干纵裂，或整树死亡。防治方法是减少树体的后期生长，扶壮树势，涂白，培土等。现有几种春季防治冻花的措施：①喷石硫合剂。②喷肥水：10% 尿素 + 0. 3% KH_2PO_4 + 少许盐全树喷布。③喷石灰食盐水，配比为 2∶1∶20。④喷花芽防冻剂。⑤施放烟雾剂。

五、适时采收

适时采收青花椒因种植区域、生态及管理的不同，成熟期也不同。当果子油泡长满上油还没转红时采收正合适，采摘过早，果皮薄，色暗，果仁含油量低，品味差。采摘过晚，果实转红和干裂落仁，也影响收入。还必须注意：降水量过多的年份，花椒又会提前开裂落仁，应据实际情况适时采收，采摘的花椒要选晴朗的好天晾晒，争取一天晒干，弃杂质，装塑料袋或缸内封闭，置阴凉，低温，干燥处保存，以保其优良的商品性。

附录二 花椒种植名词解释

主干：地面到着生第一主枝之间，群众叫：树身子、树干。

主枝：直接着生在主干上的永久性大枝，它是构成树体骨架的主要部分，每株花椒树通常留有3~5个。

侧枝：着生在主枝上的永久性大枝，它和主干、主枝构成树体的整个骨架。

树冠：树体顶部枝梢占有的营养面积。

新梢：树体当年新发的枝。

一年生枝：新梢待落叶后到翌年发芽前叫一年生枝。

徒长枝：主枝、侧枝最前端的新梢称延长头，它主要有扩大树冠的作用。

结果枝：能开花结椒的枝条叫结果枝，根据大小程度可区分为大、中、小三种，小于侧枝者叫大结果枝；小于大结果枝者叫中结果枝；小于中结果枝者叫小结果枝。一株花椒树小结果枝最多，中结果枝次之，大结果枝最少。

燕尾枝：一株花椒树各枝每年修剪方法不同，其长势均不一样，对那些直立旺枝多年采用长甩放而又显著高于树冠的长枝，形似燕尾称燕尾枝。

主枝角度：是主枝与主干或主枝与主干延长虚线之间的夹角，各主枝自基部、腰部和梢部与主干呈平行间形成一定的夹角，而基部称基角，腰部称腰角，梢部的称梢角。

短截：剪去枝条的一部分称短截，又以所剪截部分的多少分轻、

中重和极重。不动剪的叫甩放，剪裁梢端的轻剪、剪裁新梢 1/2 叫中剪、剪裁 2/3 叫重剪，自枝条基部仅留 1~2 个芽剪截的叫极重剪。

开角：用撑、拉、坠、别等方法，使枝间夹角变大，以便达到人为控制的要求，统称开角。

泥球开角：对较粗枝通过拿枝开角后仍未达到理想角度，可视其软硬程度和理想角度大小的要求，在此枝的适当部位将泥球直接贴附其上使其角度张开。